职业教育教学改革创新规划教材

气动技术项目教程

王　钊　主　编
李　猛　副主编

科学出版社
北　京

内 容 简 介

本书注重学生应用能力和实践能力的培养，将理论知识和应用技能整合在一起，形成以就业为导向的教学目的。本书采用课题和模块的编写形式，介绍了气动技术的知识及其典型应用。本书共有8个课题，内容包括拆装典型气动元件、安装与调试方向控制回路、安装与调试压力控制回路、安装与调试速度控制回路、安装与调试逻辑控制回路、安装与调试安全保护回路、安装与调试多缸动作回路、安装与调试真空吸附回路。

本书充分体现职业教育的教学特点，将教学内容与生产实际紧密相联，以加深学生对知识的理解和技能的掌握，达到学以致用的目的。

本书可以作为中等职业学校机电一体化、机械制造技术专业师生的教材或参考书，还可以作为企业技术人员参考用书。

图书在版编目（CIP）数据

气动技术项目教程/王钊主编. —北京：科学出版社，2017
（职业教育教学改革创新规划教材）
ISBN 978-7-03-052874-2

I. ①气… II. ①王… III. ①气动技术—职业教育—教材 IV. ①TH138

中国版本图书馆CIP数据核字（2017）第108881号

责任编辑：张云鹏 赵文婕 / 责任校对：陶丽荣
责任印制：吕春珉 / 封面设计：东方人华平面设计部

科学出版社 出版
北京东黄城根北街16号
邮政编码：100717
http://www.sciencep.com
铭浩彩色印装有限公司 印刷
科学出版社发行 各地新华书店经销
*
2017年7月第 一 版 开本：787×1092 1/16
2020年8月第二次印刷 印张：10 1/4
字数：240 000

定价：45.00 元

（如有印装质量问题，我社负责调换〈铭浩〉）
销售部电话 010-62136230 编辑部电话 010-62135763-2023

前　　言

“气动技术”是机械制造技术、机电技术应用等专业的专业核心课。它是一门实践性强、应用性广、技术知识含量高的课程。为了更好地适应职业教育的特点和要求，突出对学生应用能力和实践能力的培养，编者总结了多年的教学经验，并深入相关企业进行调研，了解企业和岗位就“气动技术”课程对学生的能力需求，广泛听取专家和技术人员的建议和意见，完成本书的编写。

本书在编写过程中重点突出以下特色：

（1）结构清晰、层次分明

本书在结构上采用课题和模块组合的模式，每个课题下设数量不等的模块，在编写过程中力求结构清晰、层次分明，使读者对内容一目了然。

（2）理论够用，注重实用

本书以气压传动技术的应用为主线，在理论知识内容上尽量做到够用、实用、可用，并做到理论和实践相结合，注重培养学生分析问题和解决问题的能力。

（3）精心设计形式，激发学习兴趣

本书在内容呈现形式上，较多地使用实物图和原理图，以便学生更直观地理解和掌握所学内容，激发学生的学习兴趣。

本书参考学时建议如下：

序号	内容	学时
课题一	拆装典型气动元件	12
课题二	安装与调试方向控制回路	18
课题三	安装与调试压力控制回路	12
课题四	安装与调试速度控制回路	12
课题五	安装与调试逻辑控制回路	18
课题六	安装与调试安全保护回路	12
课题七	安装与调试多缸动作回路	12
课题八	安装与调试真空吸附回路	6
合计		102

本书由江苏省徐州技师学院王钊担任主编，李猛担任副主编，吴建丽参与编写，具体编写分工如下：王钊编写了课题一至课题四，李猛编写了课题五和课题六，吴建丽编写了课题七和课题八。李志江对本书的编写框架进行了统筹把关。编者在编写本书的过

程中得到了江苏省徐州技师学院各级领导和各部门的大力支持，在此一并表示感谢。另外，在编写本书的过程中，编者参考了相关教材和文献资料，在此对各位作者表示感谢。

由于编者水平有限，书中难免存在不足之处，恳请广大读者批评指正，以便进一步修改完善。

编　者

目　　录

课题一

拆装典型气动元件

气压传动系统简称气动系统，是以气体作为工作介质进行能量和信号传递或转换的，一个完整的气压传动系统由气源装置、执行元件、控制元件和辅助元件四部分组成。其中，执行元件和控制元件种类多、结构复杂，在气压传动系统中起到极其重要的作用。本课题中包含的两个模块内容是对双作用气缸、摆动气缸、气动手指三种执行元件和先导式电磁换向阀、延时换向阀两种控制元件进行拆装。

知识目标

- 掌握气压传动系统的组成及作用。
- 了解气动系统的发展。
- 掌握典型气动元件的结构特点、工作原理和应用方法。

能力目标

- 能说出气动系统的组成。
- 能认识和正确选用典型气动元件。
- 能选择工具对典型气动元件进行拆装。

模块一　拆装气动执行元件

任务引入

气动执行元件是一种将压缩空气的压力转化为机械能，以实现直线往复运动、摆动或旋转运动的传动装置。做直线往复运动的气缸可以输出力，做摆动的气缸和做旋转运动的气动马达可输出力矩，气动手指可拾放物体。下面通过拆装图 1-1 所示的气动执行元件来认识双作用气缸、摆动气缸和气动手指的结构，了解其工作过程，学会正确选择这几种气动执行元件，并学会利用拆装工具进行正确的拆装。

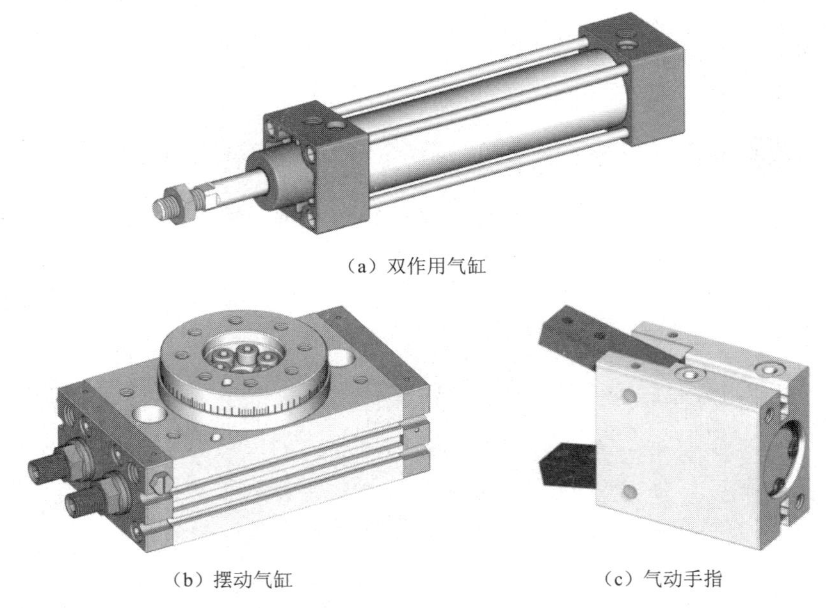

（a）双作用气缸

（b）摆动气缸　　（c）气动手指

图 1-1　气动执行元件

任务布置

识读双作用气缸、摆动气缸和气动手指的结构图和实物图，分析其铭牌符号、结构组成和工作原理；根据元件选择合适的拆装工具，分别对双作用气缸、摆动气缸和气动手指进行拆卸；对元件进行动作分析，装配元件并整理工作台；对任务实施过程进行评

定和检验，完成课后习题，并由个人、小组和教师分别对任务进行总结评价，填写任务评价表。

任务实施

一、工具准备

一号十字螺钉旋具 1 个、50mm 一字螺钉旋具 1 个、内六角扳手 1 套、内卡簧钳 1 把，活扳手 1 把。

表 1-1 介绍了常用气动元件拆装工具，请根据实际情况合理选择所需要的工具。

表 1-1　常用气动元件拆装工具

名称	图片	应用场合
活扳手		用于在一定范围内旋紧或旋松六角头螺栓和方头螺栓（螺钉）、螺母
内卡簧钳		用于拆装内卡簧
内六角扳手		用来旋动具有内六角螺栓
一字槽螺钉旋具		用来紧、拆一字槽螺钉
十字槽螺钉旋具		用于紧、拆十字槽螺钉

二、拆装双作用气缸

1. 拆卸过程及方法

双作用气缸（锁紧气缸）的拆卸步骤演示过程如图 1-2 所示。

（a）拆下气缸后缸盖的螺母

（b）拆下后缸盖、密封圈和缓冲节流阀

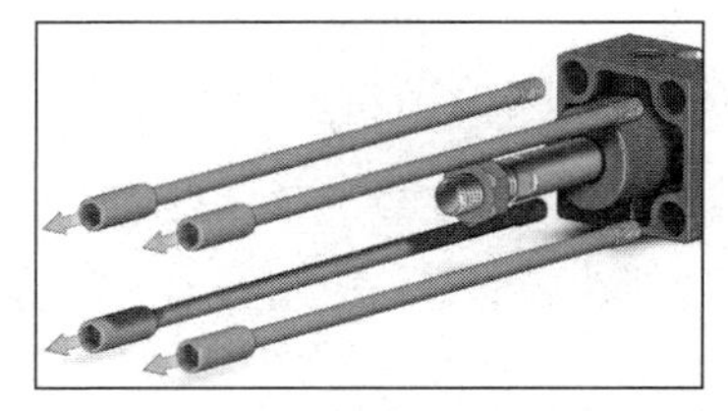
（c）拆下前缸盖一侧的螺杆

图 1-2　双作用气缸拆卸步骤演示过程

(d)拆下活塞杆头部的螺母

(e) 拆下前缸盖、密封圈和缓冲节流阀

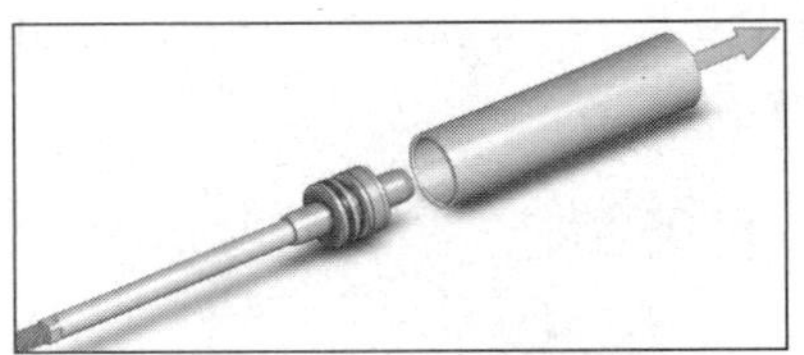
(f) 从缸筒内取下活塞杆组件

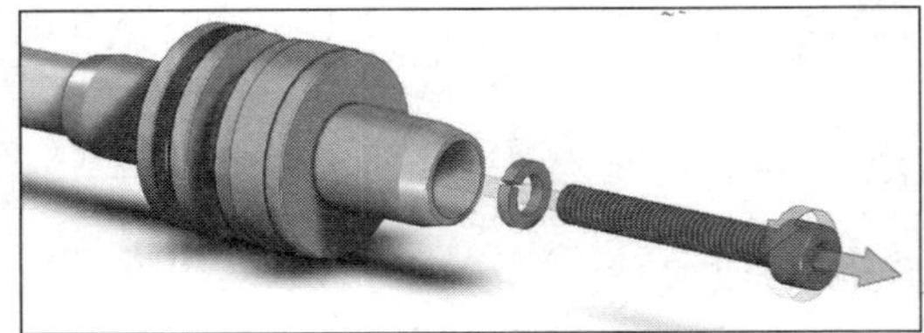
(g) 拆下活塞杆上的螺钉和垫片

(h) 取下活塞、密封圈、耐磨环

图 1-2（续）

2. 内部结构及动作分析

根据拆卸下来的元件组成和结构，分析双作用气缸的动作过程和缓冲的实现过程。

3. 安装双作用气缸

安装双作用气缸的顺序与其拆卸顺序相反，此处不做详细说明。

4. 整理元件

装配完成后，根据现场管理规范要求，清理场地，归置物品。

三、拆装摆动气缸

1. 拆卸过程及方法

摆动气缸的拆卸步骤演示过程如图 1-3 所示。

(a) 拆下上部的 6 个螺钉

(b) 拆下刻度盘

(c) 拆下上部盖板的 6 个螺钉

图 1-3　摆动气缸拆卸步骤演示过程

（d）拆下上部的盖板

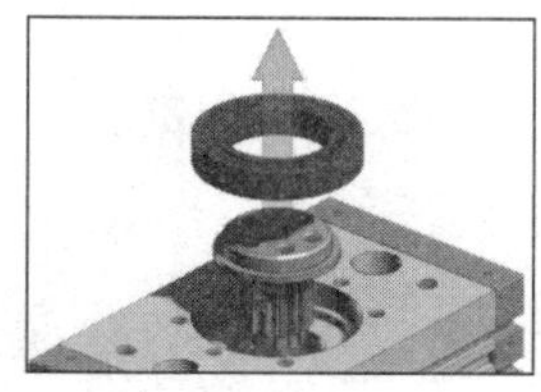

（e）拆下轴承、齿轮轴

（f）拆下齿条定位销的密封圈、螺母

（g）拆下定位销

（h）拆下一侧端盖的螺钉

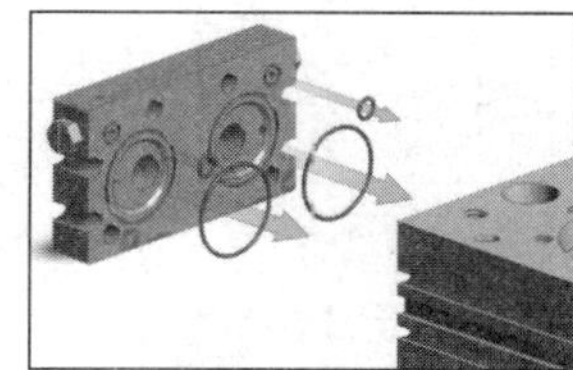

（i）拆下端盖、密封圈

（j）拆下另一侧端盖的螺钉

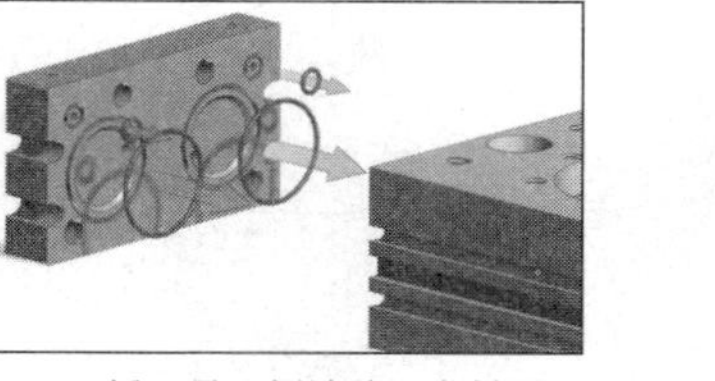

（k）拆下另一侧端盖、密封圈

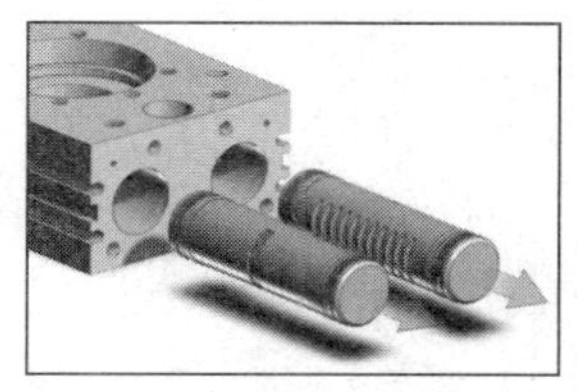

（l）拆下两个齿条

（m）拆下齿轮轴的密封圈

图 1-3（续）

2. 内部结构及动作分析

根据拆卸下来的元件组成和结构，分析摆动气缸的动作过程。

3. 安装摆动气缸

安装摆动气缸的顺序与其拆卸顺序相反，此处不做详细说明。

4. 整理元件

装配完成后，根据现场管理规范要求，清理场地，归置物品。

四、拆装气动手指

1. 拆卸过程及方法

气动手指的拆卸步骤演示过程如图 1-4 所示。

（a）拆下卡簧

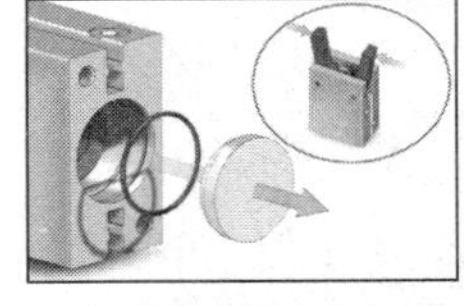
（b）拆下封堵、密封圈

（c）拆下定位销锁紧螺钉

（d）拆下两个手指定位销

（e）拆下两个手指

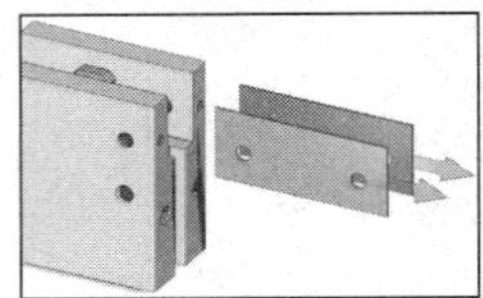
（f）拆下两个手指置中板

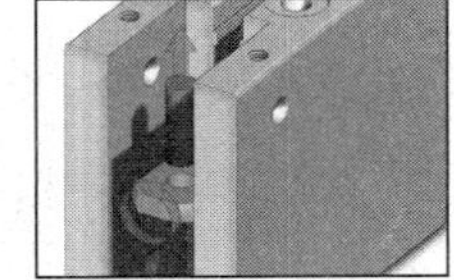
（g）拆下手指张合控制杆

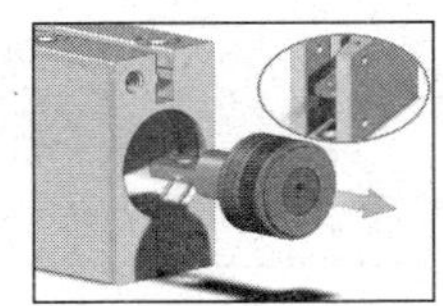
（h）拆下活塞杆组件

（i）拆下活塞杆密封圈

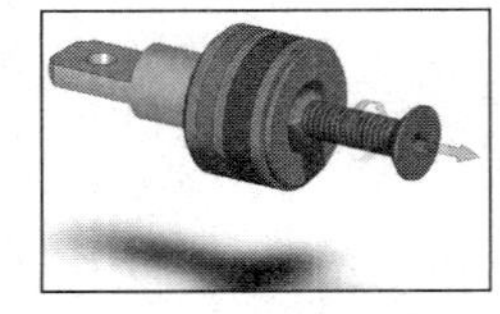
（j）拆下活塞杆组件上的螺钉

（k）拆分活塞杆组件

（l）拆下活塞上的密封圈

图 1-4　气动手指拆卸步骤演示过程

2. 内部结构及动作分析

根据拆卸下来的元件组成和结构，分析气动手指的动作过程。

3. 安装气动手指

安装气动手指的顺序与其拆卸顺序相反，此处不做详细说明。

4. 整理元件

装配完成后，根据现场管理规范要求，清理场地，归置物品。

任务评价

表 1-2 是任务评价表，任务实施后，完成任务评价表的填写。

表 1-2　任务评价表

<table>
<tr><td>班级</td><td></td><td>姓名</td><td></td><td>任务名称</td><td colspan="2"></td></tr>
<tr><td>序号</td><td>步骤</td><td colspan="2">要求</td><td>评分标准</td><td>配分</td><td>得分</td></tr>
<tr><td rowspan="3">1</td><td rowspan="3">拆卸</td><td colspan="2">拆卸步骤是否正确</td><td rowspan="3">每错一处扣 2 分</td><td rowspan="3">20 分</td><td rowspan="3"></td></tr>
<tr><td colspan="2">零件摆放是否合理</td></tr>
<tr><td colspan="2">能否正确使用工具</td></tr>
<tr><td rowspan="4">2</td><td rowspan="4">安装</td><td colspan="2">安装步骤是否正确</td><td rowspan="4">每错一处扣 2 分</td><td rowspan="4">30 分</td><td rowspan="4"></td></tr>
<tr><td colspan="2">能否正确连接元件</td></tr>
<tr><td colspan="2">安装后元件质量如何</td></tr>
<tr><td colspan="2">能否正确使用工具</td></tr>
<tr><td rowspan="3">3</td><td rowspan="3">分析</td><td colspan="2">能否说出组成零件的名称</td><td rowspan="3">每项 10 分，根据情况酌情扣分</td><td rowspan="3">30 分</td><td rowspan="3"></td></tr>
<tr><td colspan="2">能否说出重要零件的作用</td></tr>
<tr><td colspan="2">能否说出动作过程原理</td></tr>
<tr><td rowspan="2">4</td><td rowspan="2">安全文明
5S 考核</td><td colspan="2">安全操作</td><td rowspan="2">每项 10 分</td><td rowspan="2">20 分</td><td rowspan="2"></td></tr>
<tr><td colspan="2">操作过程中工位是否符合 5S 要求</td></tr>
<tr><td colspan="5">总分</td><td>100 分</td><td></td></tr>
</table>

相关知识

一、双作用气缸

气缸由缸筒和缸盖、活塞和活塞杆、密封元件等组成，按作用形式可分为单作用气缸和双作用气缸。气压传动控制系统中使用最多的执行元件是双作用气缸。图 1-5 所示为双作用气缸的实物图和图形符号。

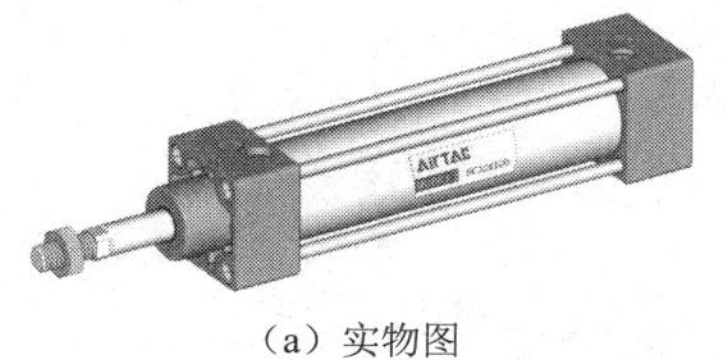

（a）实物图

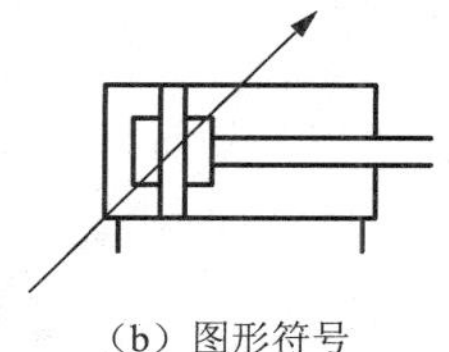

（b）图形符号

图 1-5　双作用气缸的实物图和图形符号

图形符号识别技巧

- 外面大矩形代表气缸缸体，矩形内中间竖线代表活塞，竖线旁边横线代表活塞杆。

- 活塞旁边矩形代表是缓冲气缸，有斜箭头代表缓冲可调。
- 气缸缸体下面两条短竖线代表气源接口，两条即代表是双作用气缸。

双作用气缸是由两侧供气口交替供给气体使活塞做往复运动的，由于气缸活塞的往返运动都是靠压缩空气来完成的，所以称为双作用气缸，其结构如图 1-6 所示。

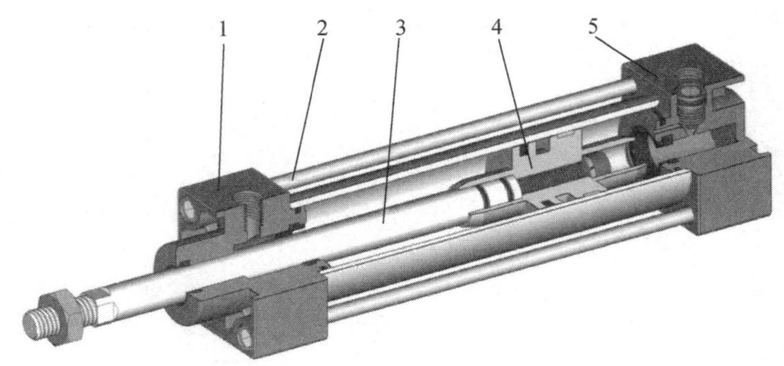

图 1-6　双作用气缸的结构

1—前缸盖；2—拉杆；3—活塞杆；4—活塞；5—后缸盖

双作用气缸在行程末端的运动速度较大时，需要缓冲装置以防止突然的破坏性冲击，如撞击端盖造成气缸损伤和发出撞击噪声。通常可以在气缸内设置气缓冲装置，气缓冲装置由缓冲套、缓冲密封圈和缓冲阀等组成。图 1-7 所示是双作用气缸的缓冲装置，当活塞向右运动时，右缓冲套接触右缓冲密封圈，活塞右侧便形成一个封闭缓冲腔。缓冲腔内的气体只能通过缓冲阀排出，当缓冲阀开度很小时，缓冲腔向外排气很少，活塞继续右行，则缓冲腔内气体处于绝热压缩状态，使腔内压力上升较快，压力对活塞产生反向作用力，从而使活塞减速，直至停止，避免或减轻了活塞对缸盖的撞击，达到了缓冲的目的。调节缓冲阀的开度，可改变缓冲能力，故带缓冲阀的气缸，称为可调缓冲气缸。当活塞向左运动时，缓冲原理同右行时一样。需要注意的是，如果缓冲阀节流过大，则活塞在接近行程终点前可能会出现弹跳现象。

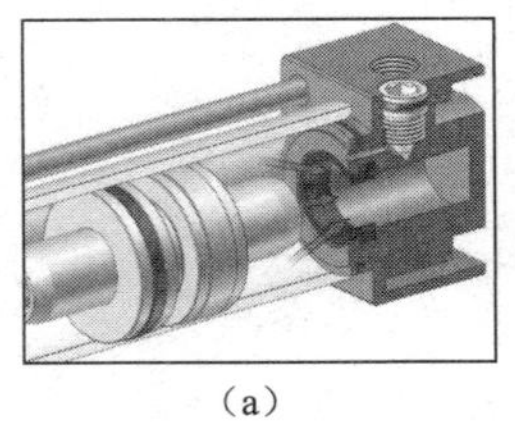

（a）

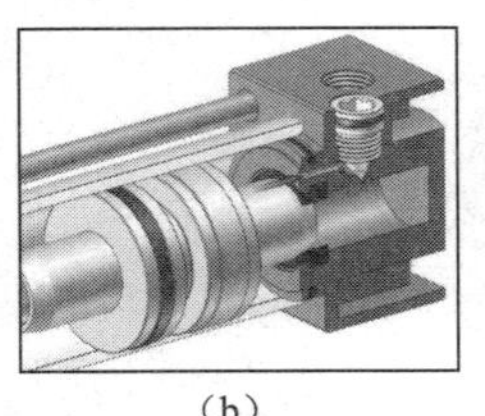

（b）

图 1-7　双作用气缸的缓冲装置

二、摆动气缸

摆动气缸是利用压缩空气驱动输出轴在一定角度范围内做往复回转运动的气动执

行元件，用于物体的转位、翻转、分类、夹紧、阀门的开闭及机器人的手臂动作等。

根据结构形式，摆动气缸可以分为叶片式和齿轮齿条式两种。叶片式摆动气缸回转角度小于 360°，齿轮齿条式摆动气缸回转角度可超过 360°。图 1-8 所示是齿轮齿条式摆动气缸的实物图和图形符号。

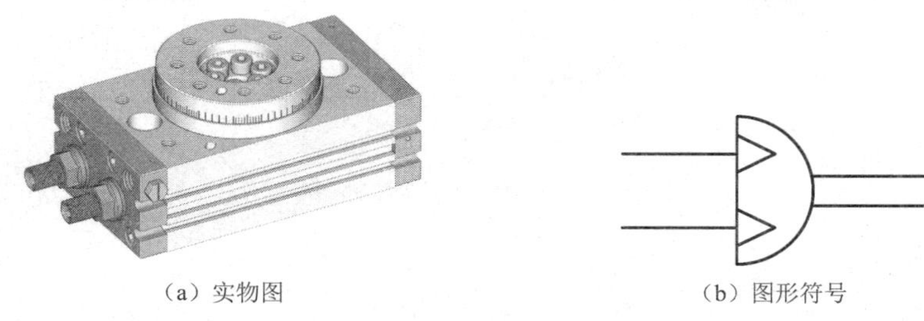

（a）实物图　　（b）图形符号

图 1-8　齿轮齿条式摆动气缸的实物图和图形符号

图形符号识别技巧

- 半圆表示摆动气缸。
- 摆动气缸左侧的两条横线代表了进气排气管路接口。
- 半圆右侧部分代表了转轴和输出方向，即可以来回摆动。
- 三角形表示气压传动。

齿轮齿条式摆动气缸是利用气压推动活塞带动齿条式活塞杆做往复直线运动的，齿条带动与它啮合的齿轮做回转运动，由齿轮轴输出力矩并带动外负载摆动。这种摆动气缸的回转角度虽然可以超过 360°，但不宜太大。

摆动气缸选用时要注意以下几点：

1）确认规格。摆动气缸只适用于工业用空气压缩系统，不能在规格范围以外的压力和温度下使用，否则会造成动作不良或破损。

2）摆动气缸的运动速度应控制在产品允许运动势能值以内。若未在负载允许的运动势能范围内使用摆动气缸，会导致摆动气缸破损，对元件、装置等造成破坏，甚至发生人身安全事故。故未在运动势能允许范围内使用摆动气缸时，要增设缓冲装置。

3）摆动气缸用在外部没有停止机构的场合时，用方向控制阀实现封闭空气、进行中间停止时，由于空气泄漏等原因可能会使停止位置发生变动，使用时应注意安全。

三、气动手指

气动手指简称气指或气抓，用于实现各种抓取功能，是现代气动机械手的关键部件。气动手指的工作原理一般是在气缸活塞杆上连接一个传动机构，以带动手指做直线平移或绕某支点开闭，以夹紧或释放工件。气动手指按运动形式可以分为平行气指、摆动气指和旋转气指等。图 1-9 所示是气动手指的实物和图形符号。

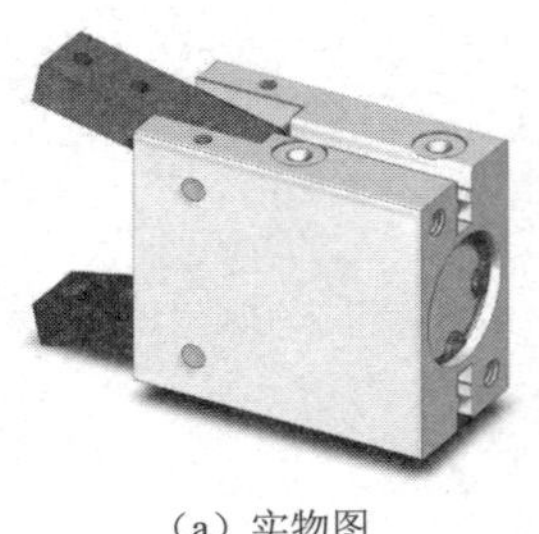

(a) 实物图

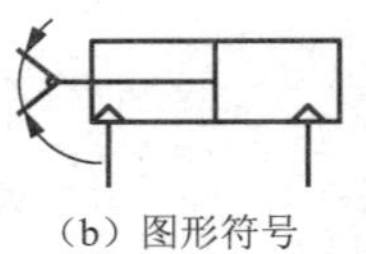

(b) 图形符号

图 1-9 气动手指实物和图形符号

图形符号识别技巧

- 矩形表示气缸，矩形内竖线表示活塞，竖线一侧的横线表示活塞杆。
- 活塞杆端部的“>”符号表示手指，箭头表示运动方向。
- 矩形下部的两条短线表示进出气管路，三角形表示气压传动。

气动手指的活塞杆上有一个环形槽，由于手指尾端卡在这个环形槽内，所以手指可跟随活塞移动且自动对中，并确保抓取力矩始终恒定。当活塞缩回时，手指合拢；当活塞伸出时，手指张开，实现对物料的抓放。图 1-10 所示是气动手指的结构图。

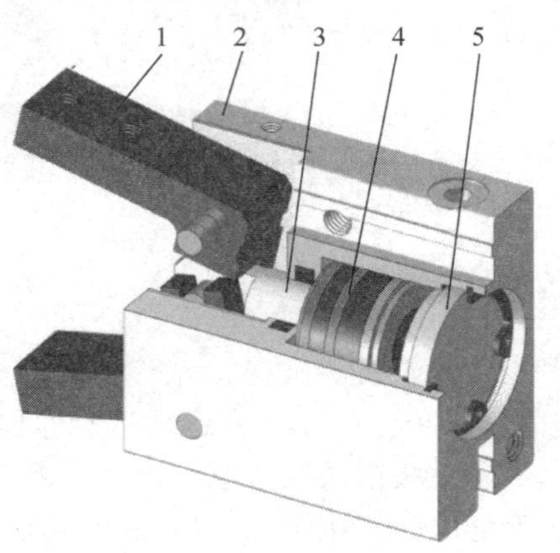

图 1-10 气动手指的结构图

1—手指；2—本体；3—活塞杆；4—活塞；5—后盖

思考与练习

1．双作用气缸无杆腔进气、有杆腔出气时，活塞杆________；有杆腔进气、无杆腔出气时，活塞杆_________。

2．气缸的缓冲原理是什么？是如何实现的？

知识拓展

一、气压传动的工作原理与组成

1. 气压传动的工作原理

气压传动是以空气压缩机为动力源、压缩空气为工作介质来进行能量传递和控制的一种传动形式。将各种元件组成不同功能的基本控制回路，若干基本控制回路再经过有机组合，就构成一个完整的气压传动系统。气压传动是实现各种生产控制、自动控制的重要手段之一。

2. 气动系统的组成

气压传动系统一般由4部分组成，即气源装置、气动执行元件、气动控制元件和辅助元件。

1）气源装置是将原动机的机械能转化为气体的压力能的装置。气源装置的主体是空气压缩机，还配有贮气罐、气源净化处理装置等。使用气动设备较多的工厂常将气源装置集中在压气站（俗称空压站）内，由压气站再统一向用气点（车间和用气设备等）分配、供应压缩空气。图1-11所示为压气站布局示意图。

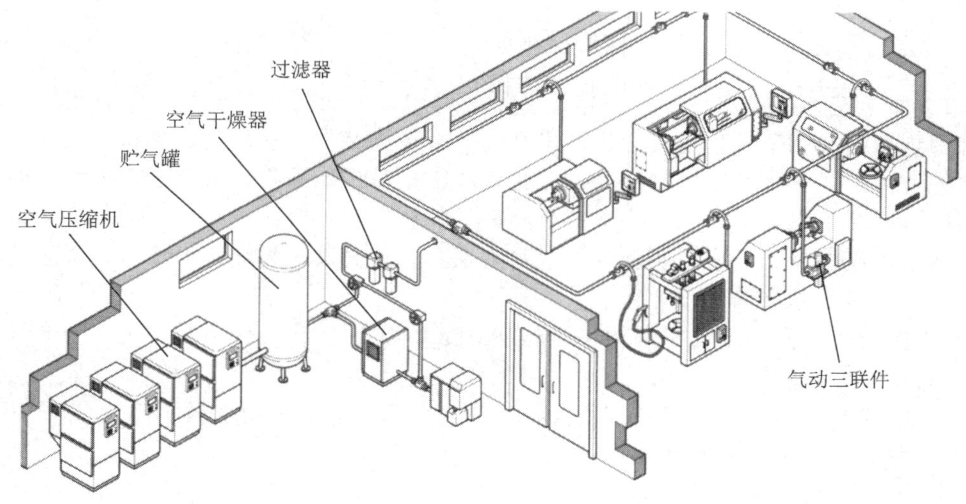

图1-11　压气站布局示意图

2）气动执行元件是将压缩空气的压力能转化为机械能的装置，包括气缸、气动马达、气动手指等。

3）气动控制元件是用来调节和控制压缩空气的压力、流量和流动方向的元件，以保证执行元件按要求的程序和性能工作。气动控制元件的种类繁多，主要包括压力控制阀、流量控制阀和方向控制阀。

4）辅助元件是指用来解决元件内部润滑、消除噪声、实现元件间的连接及信号转换、显示、放大、检测等所需的各种气动元件，如过滤器、油雾器、消声器、压力开关、各种管件及接头、气液转换器、气动显示器、气动传感器等。

二、气压传动的优缺点

1. 气压传动的优点

1）工作介质容易获取。工作介质为空气，可以在大气中获取，同时用过的空气可以直接排放到大气中，处理方便。与液压传动相比，不必设置回收液压油的油箱和管道。一旦空气管道有泄漏，除引起部分能量损失外，不会污染环境。

2）动作速度快，反应快，可在较短时间内达到所需的压力和速度。在一定的超载情况下运行也能保证系统安全工作，并且不易发生过热现象，因此气压传动特别适用于一般机械设备的控制。

3）气压传动系统结构简单，维修方便，管路不易堵塞，工作介质清洁，也不存在介质变质、补充、更换等问题。因气压传动系统的压力较低（一般为 0.4 ~ 0.8MPa），所以气动元件的材料和制造精度要求低。

4）使用安全、可靠。可以在高温、振动、腐蚀、易燃、易爆、多尘埃、强磁、辐射等恶劣环境下工作，便于实现过载自动保护。

5）空气的粘度很小，在管道中流动时压力损失较小，一般其阻力损失不到油路损失的千分之一，因此压缩空气便于集中供应和远距离输送。

2. 气压传动的缺点

1）由于空气的可压缩性，工作速度不易稳定，外载变化对速度影响较大，也难以准确地控制和调节工作速度。但采用气液联合传动装置，利用气压传动灵敏、反应迅速的特点，把气压用于控制部分，而利用液压传动工作平稳、可产生较大动力的特点，把液压用于驱动部分，这样既综合应用了气压传动、液压传动两者的优点，又避免了两者的某些缺点，应用实例如气液动力头、气液夹具、气液自动车床、磨床及汽车制动器（气液闸）等。

2）系统工作压力低（一般为 0.4～0.8MPa），又因结构尺寸不易过大，因此气缸的输出推力不可能很大。

3）工作介质（空气）没有润滑性，系统必须采取措施进行给油润滑。

4）排气声音大，需加消声器。

5）气压传动的传递效率比较低。

模块二 拆装气动控制元件

任务引入

在气压传动系统中，气动控制元件是用于信号传感与转换、逻辑控制、参量调节等

的各类气动元件的统称。其作用是保证气动执行元件或机构按照规定程序正常工作。气动控制元件按功能可分为方向控制阀、压力控制阀、流量控制阀。其中方向控制阀种类最多，学习难度也比较大，本任务通过拆装先导式电磁换向阀和延时换向阀来认识它们的结构和工作过程，使学生学会选择和使用这两种气动元件，并学会使用拆装工具进行拆装，以及掌握正确的拆装方法。

任务布置

识读先导式电磁换向阀和延时换向阀的结构图和实物图，分析铭牌符号、结构组成和工作原理，根据元件选择合适的拆装工具，分别对图 1-12 所示的先导式电磁换向阀和延时换向阀进行拆卸；对元件进行动作分析，装配元件并整理工作台，最后对任务实施过程进行评定和检验，完成课后习题，并由个人、小组和教师分别对任务进行总结评价，填写任务评价表。

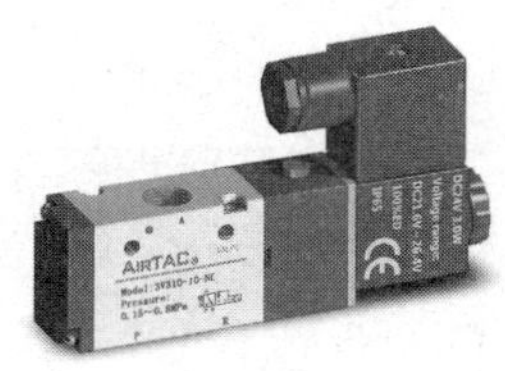

（a）先导式电磁换向阀

（b）延时换向阀

图 1-12　待拆装气动控制元件

任务实施

一、工具准备

一号十字螺钉旋具 1 个，50mm 一字螺钉旋具 1 个，内六角扳手 1 套。

二、拆装先导式电磁换向阀

1. 拆卸过程和方法

先导式电磁换向阀的拆卸步骤演示过程如图 1-13 所示。

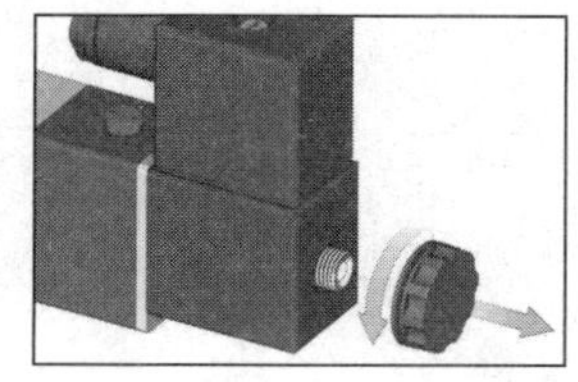

（a）旋下压紧电磁线圈的先导阀盖

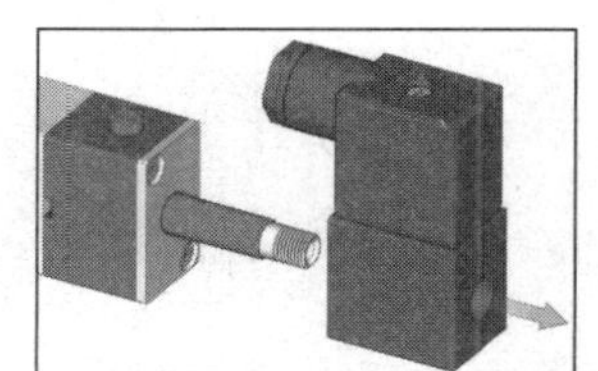

（b）拆下电磁线圈（电磁线圈不需拆卸）

图 1-13　先导式电磁换向阀拆卸步骤演示过程

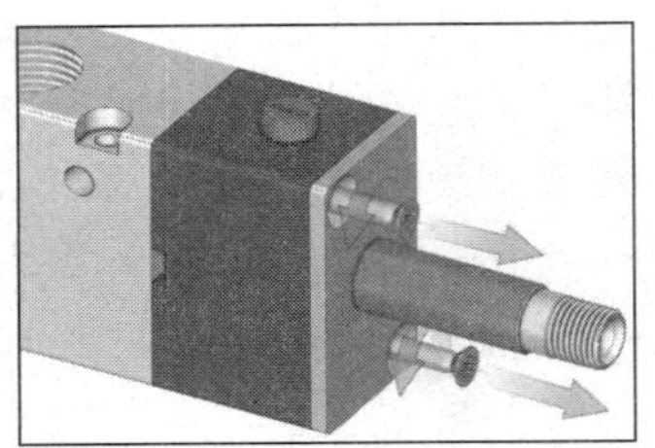
（c）拆下主阀端盖上的两个螺钉

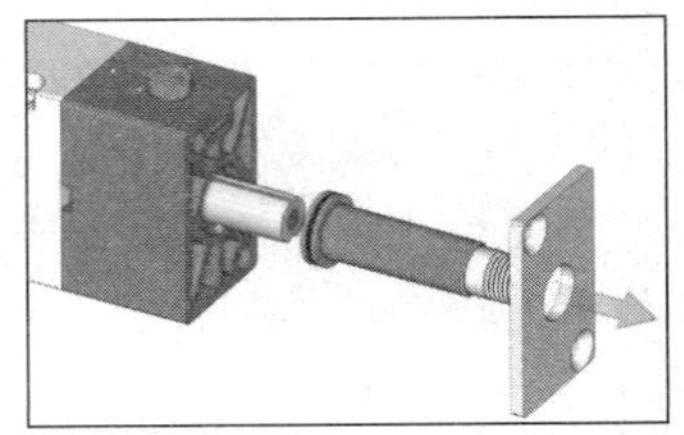
（d）拆下先导阀静铁心

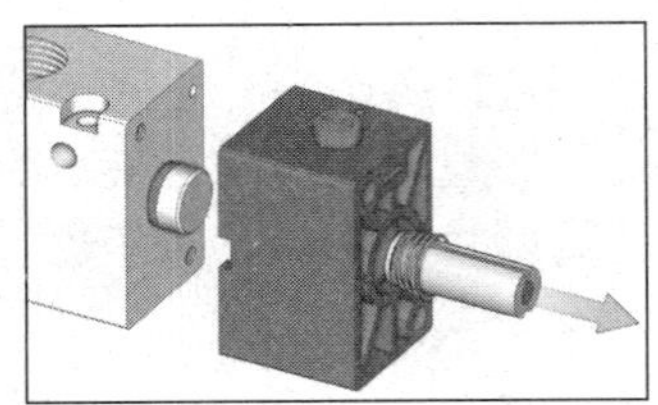
（e）拆下先导阀及动铁心、弹簧

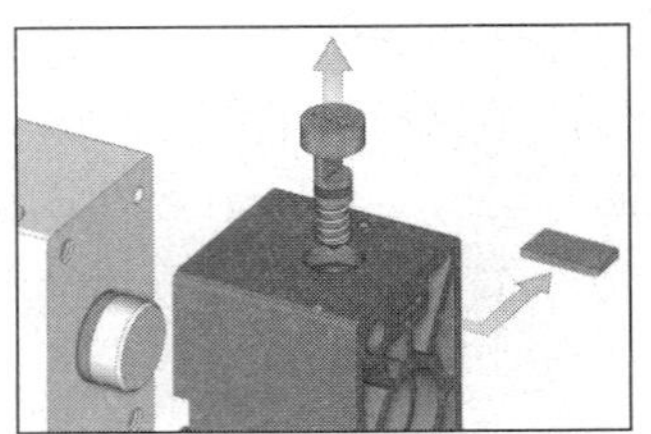
（f）拆下手动按钮及其定位销

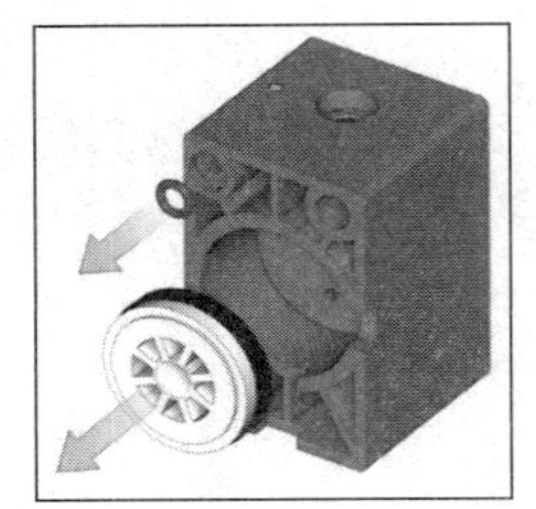
（g）拆下推动阀芯的活塞及密封圈

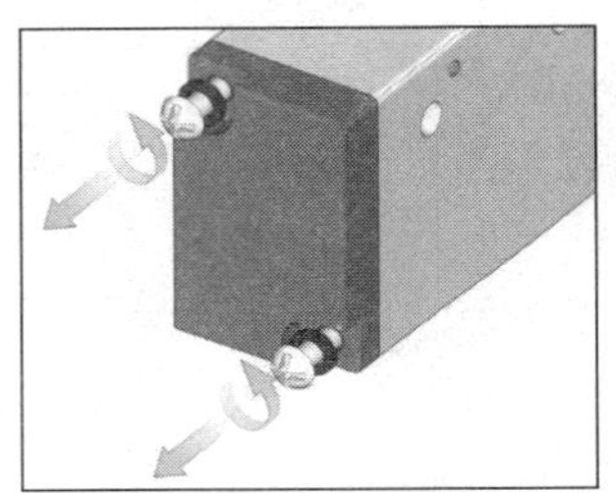
（h）拆下主阀另一端盖的两个固定螺钉

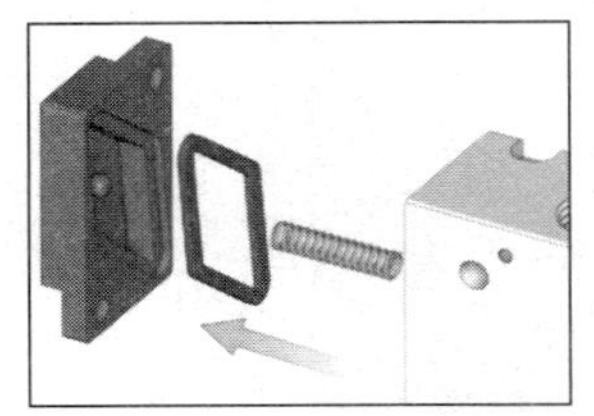
（i）拆下端盖、菱形密封环和主阀芯弹簧

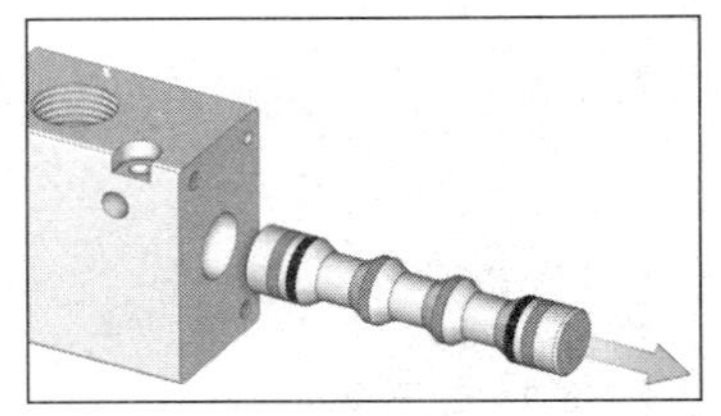
（j）拆下主阀芯

图 1-13（续）

2. 内部结构及动作分析

根据拆卸下来的元件组成和结构，分析先导式电磁换向阀的动作过程。

3. 安装先导式电磁换向阀

安装先导式电磁换向阀的顺序与其拆卸顺序相反，此处不做详细说明。

4. 整理元件

装配完成后，根据现场管理规范要求，清理场地，归置物品。

三、拆装延时换向阀

1. 拆卸过程和方法

延时换向阀的拆卸步骤演示过程如图 1-14 所示。

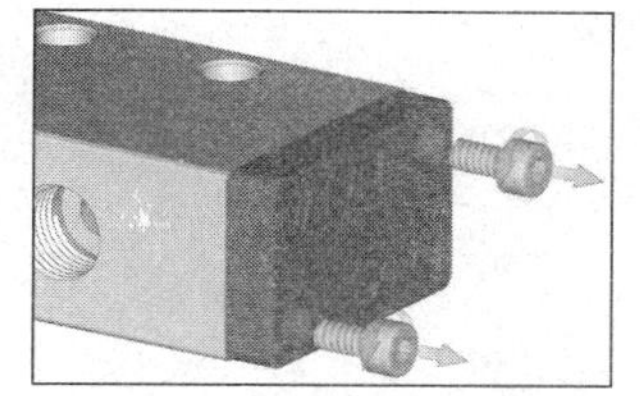

（a）拆下主阀端盖的两个固定螺钉

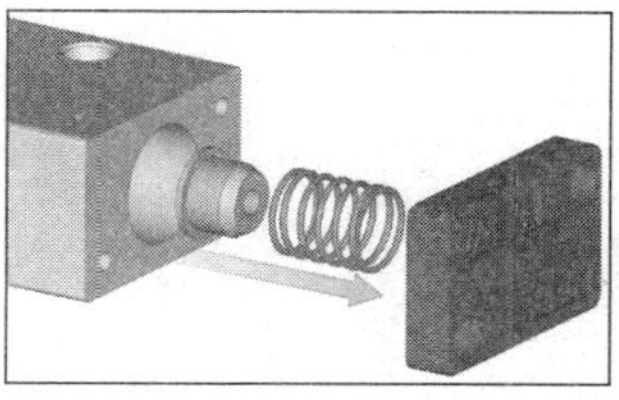

（b）拆下端盖、弹簧

（c）旋下节流阀保护罩

（d）旋下节流阀阀芯

（e）拆下弹簧、密封圈

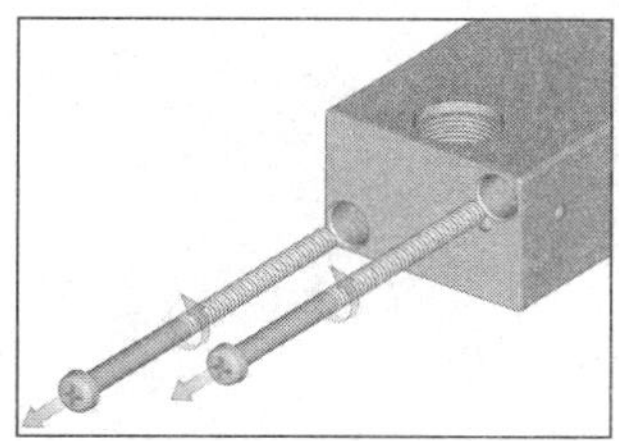

（f）拆下气容端的两个固定螺钉

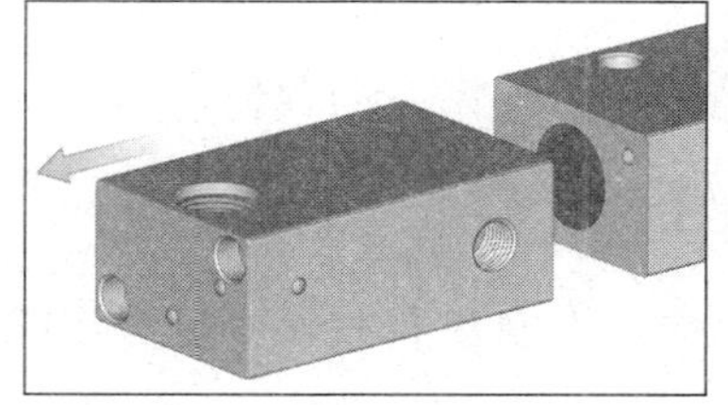

（g）拆下气容部分

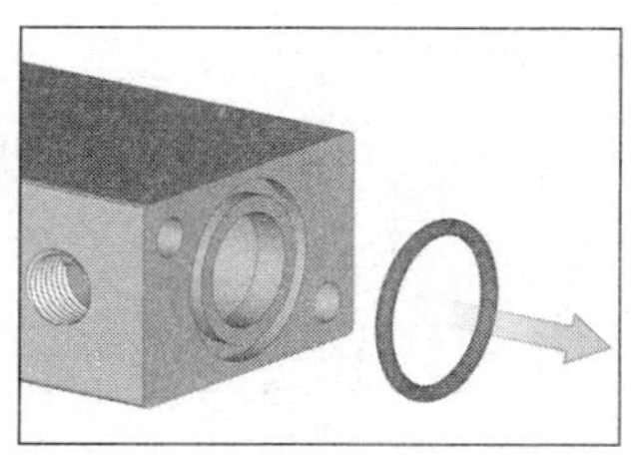

（h）拆下密封圈

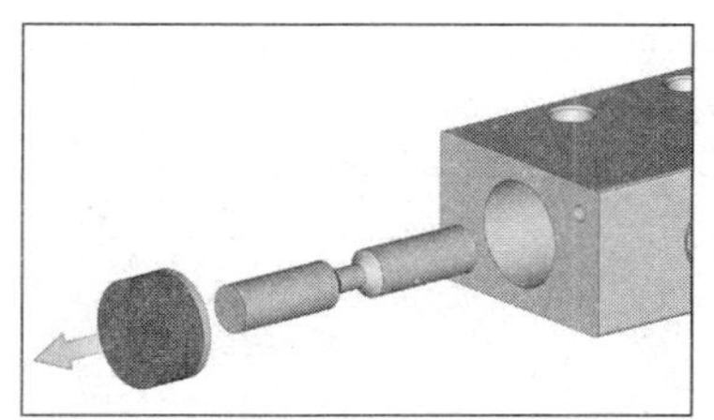

（i）拆下阀芯

图 1-14　延时换向阀拆卸步骤演示过程

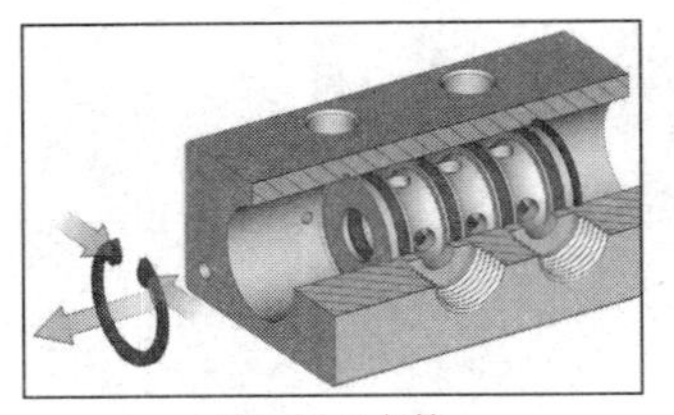
（j）拆下卡簧

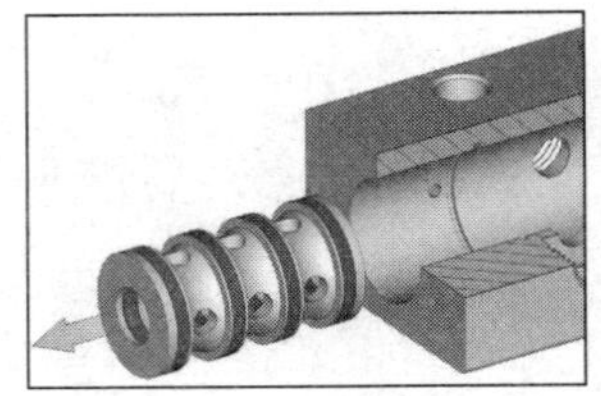
（k）拆下主阀组件

（l）分离主阀组件

图 1-14（续）

2. 内部结构及动作分析

根据拆卸下来的元件组成和结构，分析延时换向阀的动作过程。

3. 安装延时换向阀

安装延时换向阀的顺序与其拆卸顺序相反，此处不做详细说明。

4. 整理元件

装配完成后，根据现场管理规范要求，清理场地，归置物品。

任务评价

表 1-3 是任务评价表，任务实施后，完成任务评价表的填写。

表 1-3　任务评价表

班级		姓名	任务名称		
序号	步骤	要求	评分标准	配分	得分
1	拆卸	拆卸步骤是否正确 零件摆放是否合理 能否正确使用工具	每错一处扣 2 分	20 分	
2	安装	安装步骤是否正确 能否正确连接元件 安装后元件质量如何 能否正确使用工具	每错一处扣 2 分	30 分	

续表

班级		姓名		任务名称	
序号	步骤	要求		评分标准	配分	得分
3	分析	能否说出组成零件的名称		每项10分，根据情况酌情扣分	30分	
		能否说出重要零件的作用				
		能否说出动作过程原理				
4	安全文明5S考核	安全操作		每项10分	20分	
		操作过程中工位是否符合5S要求				
总分					100分	

相关知识

一、先导式电磁换向阀

先导式电磁换向阀指电磁阀的主阀是由气压力作为动力进行动作切换的一种换向阀。由电磁先导阀输出先导压力，此先导压力再推动主阀阀芯换向的阀称为先导式电磁换向阀。

先导式电磁换向阀按照电磁线圈数可分为单电控和双电控两种。单电控先导式电磁换向阀的实物图如图1-12（a）所示。图1-15所示为单电控先导式电磁换向阀的图形符号。

图1-16所示是二位三通先导式单作用电磁换向阀的结构图，它的工作过程如下：当电磁线圈不通电时，阀芯在弹簧的作用下被推到右端，当电磁线圈通电后，动铁心被电磁线圈产生的电磁力吸引，从而打开封闭的先导气流通道，进气口处的压缩空气通过这个先导气流通道作用在阀芯的受压部，使阀芯克服弹簧力而右移，从而改变气体流动方向。

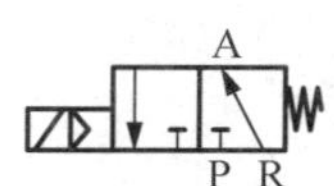

图1-15　单电控先导式电磁换向阀的图形符号

图形符号识别技巧

- 正方形表示阀的工作位置，有几个正方形表示有几“位”。
- 任一正方形内的“↗”或“⊥”“T”与正方形有几个交点，就代表是几“通”。
- 正方形内的“↗”表示油路处于接通状态，但“↗”方向不一定表示气流的实际方向，“T”“⊥”表示该路不通。
- 通常，P表示进气口，A、B表示与执行元件连通的气口，R或O、S表示排气口。
- 正方形外面的符号表示控制方式，∧∧∧表示弹簧控制方式，▭/表示电磁控制方式，▷表示先导控制方式。
- 换向阀有两个或者两个以上的工作位置，其中一个为常态（阀芯不受到操纵力时所处的位置），三位阀图形符号的中位是常态位，利用弹簧复位的二位阀靠近弹簧的位是常态位。在系统图中，气路一般应连接到换向阀的常态位上。

当阀的通径较大时，若采用直动式电磁换向阀，则所需电磁铁要大，体积和电耗都大。而先导式电磁换向阀是电磁先导阀输出先导压力，此先导压力再推动主阀阀芯使阀换向，所以宜采用先导式电磁阀。

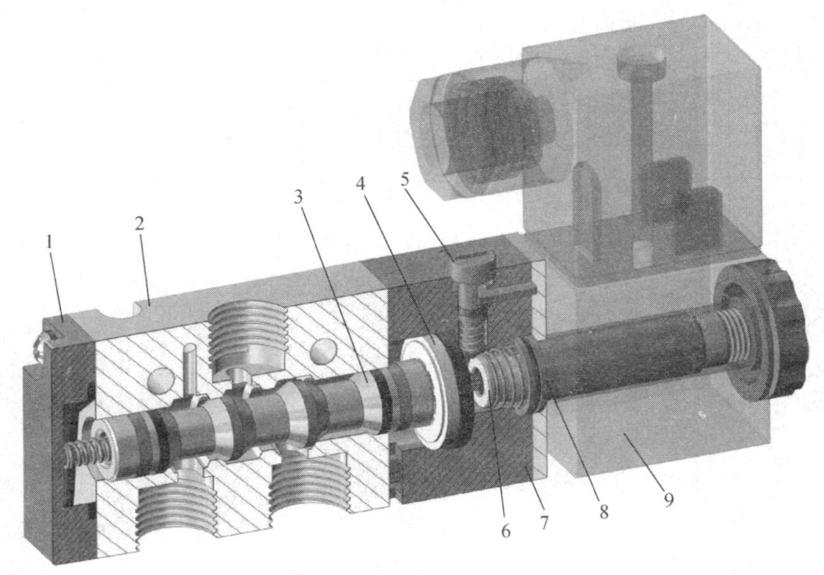

图 1-16　二位三通先导式单作用电磁换向阀的结构

1—端盖；2—阀体；3—阀芯；4—控制活塞；5—手动按钮；6—动铁心；7—先导阀阀体；8—静铁心；9—电磁线圈

二、延时换向阀

延时换向阀是气动系统中的一种时间控制元件，它利用气流经过小孔或缝隙节流后向气室里充气，当气室里的压力升至一定值后使阀切换，从而达到信号延时输出的目的。延时换向阀上的节流阀可以调节延时时间的长短。图 1-12（b）所示是二位三通延时换向阀的实物图，其图形符号如图 1-17 所示。

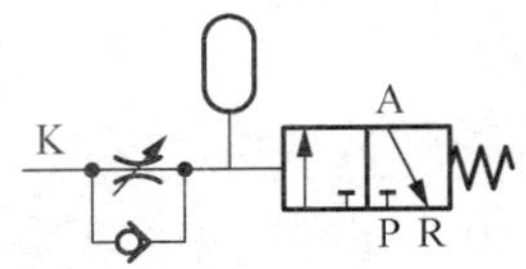

图 1-17　二位三通延时换向阀的图形符号

图形符号识别技巧

- 延时换向阀图形符号由三部分组成，由左向右分别代表单向节流阀、气室、二位三通换向阀。
- 单向节流阀符号中上部分代表可调节流阀，箭头表示可调，下部分代表单向阀，气体只能从右向左流动。
- 椭圆代表气室，有一定空间贮存压缩空气。
- 右面是二位三通换向阀的符号。

图 1-18 所示为延时换向阀的结构图。当控制口无压缩空气时，阀芯在右侧弹簧的作用下处于左位，进出气口不通；当控制口通入压缩空气时，由于气容空间较大，且气体经过节流阀缓慢进入气容，经过一段时间延时后气容腔内压力大于弹簧弹力，推动阀芯向右移动，从而进出气口接通。也就是说当控制口通入压缩空气，经过一段时间的延时后，进出气口才能接通，延时时间可以通过改变节流阀开口度大小进行调节。

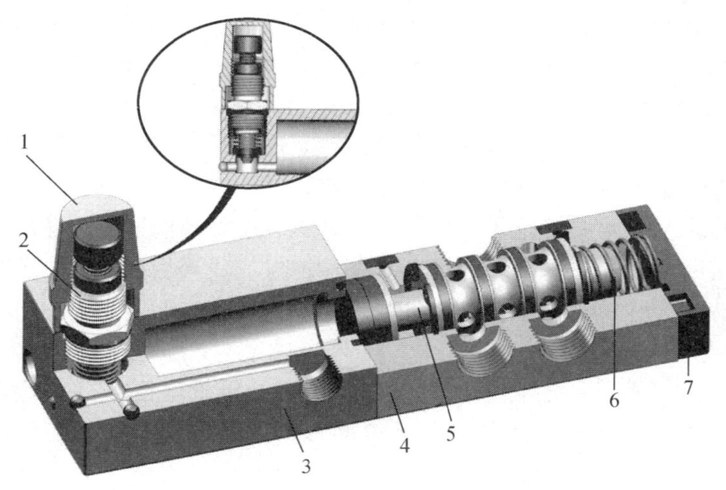

图 1-18　延时换向阀的结构

1—保护罩；2—节流阀；3—气容；4—阀体；5—阀芯；6—弹簧；7—端盖

思考与练习

1．先导式电磁换向阀按照________可分为________和________两种。

2．延时换向阀可看成由________、________和________三部分组成。

知识拓展

一、气压传动的发展方向

1．电气一体化

一方面，微电子技术与气动元件相结合，组成了 PC—接口—小型阀—气缸的电气一体化的气动系统；另一方面，与电子技术相结合的自适应控制气动元件已经问世，如压力比例阀、流量比例阀、数字控制气缸，使气动技术从以往的开关控制发展为高精度的反馈控制，使定位精度提高到 ±（0.01 ~ 0.1）mm。电气一体化已不只用于机械手和机器人这样一些典型产品上，而且渗透到工厂本身的加工、装配、检测等生产领域。

2. 小型化和轻量化

为了让气动元件与电子元件一起安装在印制电路板上，构成各种功能的控制回路组件，气动元件必须小型化和轻量化。气动技术应用于半导体工业、工业机械手和机器人等方面，要求气动元件超轻、超薄、超小。例如，缸径 2.5mm 的单作用气缸、缸径 4mm 的双作用气缸、4g 重的低功率电磁阀、M3 的管接头和内径 2mm 的连接管等采用了铝合金和塑料等材料，对零件进行了等强度设计，使质量大为减轻。电磁阀由直动型向先导型变换，除了降低功耗外，也实现了小型化和轻量化。

3. 复合集成化

为了减少配管、节省空间、简化装拆、提高效率，多功能复合集成化的元件相继出现。阀的复合集成化是将所需数目的配气装置安装在集成板上，一端是电接头，另一端是气管接头。将转向阀、调速阀和气缸组成一体的带阀气缸，能实现换向、调速及气缸所承担的功能。例如，气动机器人是能连续完成夹紧、举起、旋转、放下、松开等一系列动作的气动集成体。

4. 无油化

为适应食品、医药、生物工程、电子、纺织、精密仪器等行业的无污染要求，预先添加润滑脂的不供油润滑技术已大量问世。目前正在开发构造特殊、用自润滑材料制造、不用添加润滑脂仍能工作的无油润滑元件。由不供油润滑元件组成的系统，不仅节省大量润滑油，而且不污染环境，系统简单、维护方便、润滑性能稳定、成本低、寿命长。

5. 低能耗

为了与计算机、可编程控制器直接连接和节能，电磁阀的功耗最低可降至 0.1W。

6. 高精度

位置控制精度已由过去的 mm（毫米）级提高到现在的 0.1mm 级。为了提高气动系统的可靠性，对压缩空气的质量提出了更高的要求。过滤器的标准过滤精度从过去的 70μm 提高到 5μm，并有 0.01μm 的精密滤芯，除尘率可达 99.9%～99.9999%，分水效率大于 75%。

7. 高质量

随着新材料及材料处理技术的发展、加工工艺水平的提高，电磁阀的寿命均在 3000 万次以上，个别小型阀的寿命有达 1 亿次的，气缸行程的耐久性已达 2000～6000km。

8. 高速度

提高电磁阀的工作频率和气缸的速度，对气动装置生产效率的提高有着重要意义。电磁阀工作频率可达 25Hz，气缸速度从 1m/s 提高到 3m/s，冲击气缸速度可达 11m/s。

9. 高输出力

采用杠杆式增力机构或气液增压器，可使输出力增大几倍甚至几十倍。

二、气压传动的历史及应用

气动（Pneumatic）一词来源于希腊文，原意为风吹。人们利用空气的能量完成各种工作的历史可以追溯到远古，大约在公元前300年，当时希腊文化处于巅峰，气动行业在希腊是一个很大的行业。正是在这个时期，克太斯必优斯首次采用气动技术来传输力。气动技术史上也把其他一些发明归于克太斯必优斯，如图1-19所示的水动风琴、图1-20所示的吸入式压力泵和图1-21所示的由气压驱动的发射器等。天才设计家和发明家亚历山大的工作领域更令人激动，且更加真实，其工作之一就是传播气动技术。在公元1世纪下半叶，亚历山大制造了各式各样的玩具和模型，这些玩具和模型由空气受热膨胀所产生的动力来驱动。在亚历山大的许多发明中，就有图1-22所示的自动开闭寺庙门，当点燃祭坛上的火时，神庙门就可自动开启，而当火熄灭时这个神庙门就可自动关闭。

在1648年，法国数学家和哲学家帕斯卡演示了高度测量实验，即证明了大气压力与高度有关。帕斯卡还发现了帕斯卡定律，即流体向各个方向传递相同的压力。奥托·冯·格里克是真空泵发明者和真空技术的奠基人，他在1645年证实了真空中也蕴藏着巨大的能量。图1-23所示为马德堡半球实验：在这两个半球两边，用两队马同时往相反的方向各拉一个半球，结果16匹马也没有把它们拉开，这有力地证明了奥托·冯·格里克的设想，即当两个相互吻合的半球所组成的球被抽出真空时，它不能够被分开。

图1-19　水动风琴

图1-20　吸入式压力泵

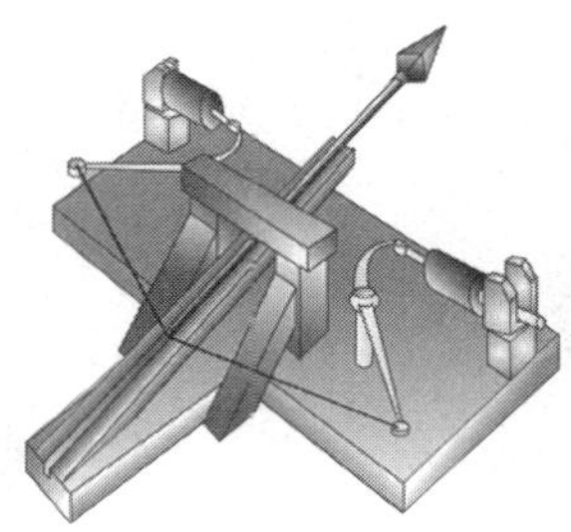

图1-21　由气压驱动发射器

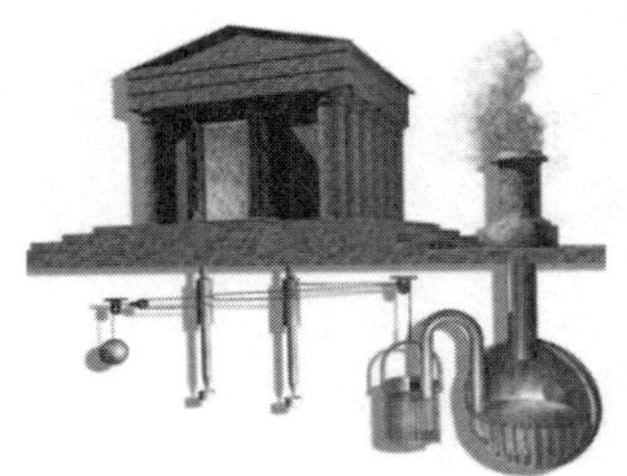

图1-22　自动开闭的寺庙门

图1-23　马德堡半球实验

1776 年，John Wilkinson 发明的能产生一个大气压左右压力的空气压缩机是气动技术应用的雏形。1880 年，人们第一次利用气缸做成气动制动装置，将其成功地应用到火车的制动上。

进入 20 世纪 60 年代，气动技术主要用于比较繁重的作业领域来辅助传动，如用于采矿、钢铁生产、机床和汽车制造等行业。70 年代后期，气动技术开始用于自动装配、包装、检测等轻巧的作业领域，以减轻繁重的体力劳动。80 年代以来，随着与电子技术的结合，气动技术的应用领域得到迅速拓宽，尤其是在各种自动化生产线上得到广泛的应用。电气可编程控制系统的发展，使整个系统的自动化程度更高，控制方式更灵活，性能更加可靠。气动机械手、柔性自动生产线的迅速发展，对气动技术提出了更多、更高的要求。微电子技术、现代控制理论与气动技术相结合，促进了电-气比例伺服技术的发展，以不断提高控制精度。

气动技术已成为实现现代化传动与控制的关键技术之一，在下述领域有广泛的应用。

1. 机械制造业

气动技术在机械制造业的应用包括机械加工生产线上工件的装夹和搬运，铸造生产线上的造型、捣固、合箱等。例如，在汽车制造中，汽车自动化生产线、车体部件自动搬运与自动焊接等都不同程度地采用了气动技术。

2. 轻工食品包装业

气动技术在轻工食品包装业的应用包括各种半自动或全自动包装生产线，如酒类、油类、饮料类灌装，各种食品、药品的包装等。图 1-24 所示是气动技术在饮料类灌装中的应用。

图 1-24　气动技术的应用

3. 电子及电器行业

在电子及电器行业，气动技术用于硅片的搬运、元器件的插装与锡焊、家用电器的组装等。

4. 石油化工业

在石油化工业，用管道传输介质的自动化流程绝大多数采用气压传动，如石油提炼加工、气体加工、化肥生产等。

5. 工业机器人

工业机器人的动作大多由压缩空气驱动，如装配机器人、喷漆机器人、搬运机器人、焊接机器人等。

6. 其他方面

气动技术在其他方面的应用包括用于车辆制动装置、公交车车门开关装置、汽车轮胎的装卸和补气、房屋装修等。另外，各种各样的气动工具也是气动技术应用的一个部分。

课题二

安装与调试方向控制回路

在气动自动化系统中，气动执行元件（气缸、气动马达）在工作时会经常起动、停止和改变运动方向。控制压缩空气的通、断和流动方向的回路称为方向控制回路。方向控制回路的功能主要依靠各式各样的换向阀实现。

知识目标

- 了解气动元件的结构特点、工作原理和应用。
- 掌握识读方向控制回路图的方法。
- 了解方向控制回路的工作原理。

能力目标

- 能看懂方向控制回路图。
- 能选用各类气动元件并安装方向控制回路。
- 能调试回路并解决出现的问题。
- 在任务过程中能按照5S要求进行现场管理。

模块一　安装与调试货物提升机回路

任务引入

图 2-1 所示为某企业仓储车间的货物提升机装置。把货物放到提升机上，按下按钮，气缸活塞杆伸出把货物提升到高处；松开按钮，在货物的重力和提升机自身的重力作用下，气缸活塞杆缩回，提升机回到低处。

图 2-1　货物提升机装置

任务布置

识读货物提升机回路原理图，认识新气动元件，了解本次任务可能遇到的安全问题，选择合适的气动元件安装回路并调试，解决调试过程中出现的问题，最后对任务实施过程进行评定和检验，完成课后习题，并由个人、小组和教师分别对任务进行总结评价，填写任务评价表。

任务实施

一、识读货物提升机回路图

如图 2-2 所示，货物提升机的工作原理如下：气源 1 为系统提供压缩空气，压缩空气进入气动三联件 2（气动三联件由空气过滤器、减压阀、油雾器组成），气动三联件对压缩空气进行净化、调压和润滑处理，压缩空气到达二位三通按钮式换向阀 3，按下按钮，阀 3 的进气口和出气口相通，压缩空气进入单作用气缸 4 内，克服气缸内复位弹簧弹力推动活塞杆伸出向上运动。松开阀 3 的手动按钮，阀 3 内的弹簧推动阀芯回到初始位置，阀 3 的出气口和排气口相通，气缸活塞杆在弹簧力的作用下缩回，压缩空气从阀 3 排气口排出。在初始状态下，因阀 3 进出气口不通，单作用气缸 4 内无压缩空气，气缸活塞杆保持在缩回状态。

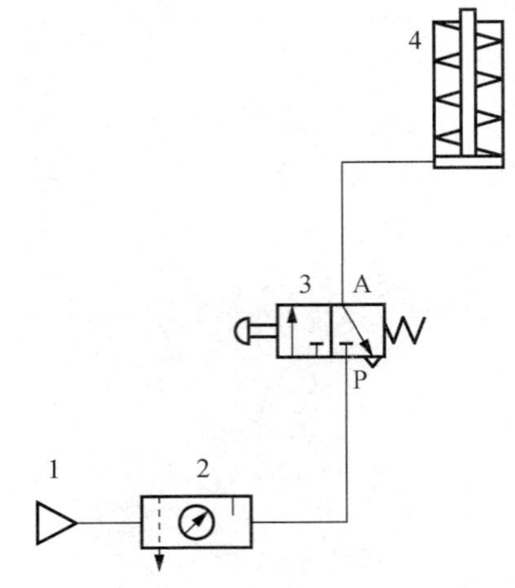

图 2-2　自动推送回路图

1—气源；2—气动三联件；3—二位三通按钮式换向阀；4—单作用气缸

二、安装货物提升机回路

根据气动回路图从气动元件库中选取适合本次任务的气动元件，按照压缩空气的流向安装回路。

参考安装方法：首先用气管从气源 1 的出气口连接到气动三联件 2 进气口（P 口），再用气管从气动三联件 2 的出口（A 口）连接到二位三通按钮式换向阀 3 的进气口（P 口），最后用气管从阀 3 的出气口（A 口）连接到单作用气缸 4 的进出气口。

三、调试货物提升机回路

调试货物提升机回路的注意事项如下。

1）检查各个接口是否连接安全。

2）打开气源，调节调压阀的调节旋钮，使气压为 0.3～0.4MPa。

3）打开空气调压器上面连接的旋钮开关，让系统回路通气。

4）检查通气后所有气缸能否回到初始位置。

5）观察是否有漏气现象，若漏气，则关闭气源，查找漏气原因并排除。

6）按照货物提升机回路的工作原理进行操作，调节气缸运动速度，使气缸运动平稳，无振动和冲击。

7）动作可靠，且伸缩速度基本保持一致。观察结果，看是否达到预期效果。

四、故障设置及排除

1. 故障设置

由小组成员或教师设置 1～3 处气路故障，如不能起动、气缸伸出或缩回太快不能调节、气缸不能伸出或不能返回等。设置气路不通可采用用透明胶挡住气管、改变进出气口等方法。

常见故障原因如下（参考图 2-2 所示回路）。

1）气缸的初始状态不对，原因可能是：①换向阀 3 的进气口连接错误；②换向阀 3 的出气口连接错误。

2）气缸不能正常运行，原因有：①气源 1 不能正常提供压缩空气；②气动三联件 2 中减压阀调节压力过低；③换向阀 3 的进气口连接错误；④换向阀 3 的出气口连接错误。

2. 观察故障现象并分析故障原因

根据故障现象和排除情况，完成表 2-1 的填写。

表 2-1 故障检测表

故障序号	故障现象	分析原因	查找步骤	故障点
1				
2				
3				

3. 排除故障

根据现象分析和查找故障点并逐一排查，恢复系统功能并调试好系统。

4. 注意事项

1）在设置故障和排除故障时，必须在关闭气源的状态下进行。

2）决不允许在通气状态下插拔气管。

3）在检查回路时，发生漏气现象要及时关闭气源。

4）在排查故障时，不能扩大故障点，不能损坏元件。

5）完成故障排除后，及时关闭气源，拆下管路和元件，放回原位。

任务评价

表 2-2 是任务评价表，任务实施后，完成任务评价表的填写。

表 2-2　任务评价表

班级		姓名		任务名称		
序号	步骤	要求		评分标准	配分	得分
1	识读气动回路图	能否正确绘制回路图		每错一处 2 分	22 分	
		能否识别气动元件				
		能否读懂回路图				
2	安装	能否正确选择元件		每项 6 分，根据情况酌情扣分	30 分	
		元件布局是否合理				
		能否正确连接元件				
		接头连接是否可靠				
		整体安装是否美观、合理				
3	调试	通气前各阀是否处于正确位置		每项 7 分，根据情况酌情扣分	28 分	
		调试方法是否正确				
		调试过程是否正确				
		停气后各元件是否处于正确位置				
4	安全文明 5S 考核	安全操作		每项 10 分	20 分	
		操作过程中工位是否符合 5S 要求				
总分					100 分	

相关知识

方向控制阀是改变气体的流动方向或改变气体的通断状态的控制元件。方向控制阀按气流在阀内的作用方向，可分为单向型控制阀和换向型控制阀（简称换向阀）。

换向阀的工作原理是利用阀芯和阀体孔间相对位置的改变来控制气流方向或气流通、断，从而控制气压系统工作状态。

换向阀的种类很多，按控制方式可分为气压控制换向阀、机械控制换向阀、人力控制换向阀和电磁控制换向阀，按阀芯在阀体孔内的工作位置数和换向阀所控制的通口数可以分为二位二通换向阀、二位三通换向阀、二位四通换向阀、二位五通换向阀、三位四通换向阀和三位五通换向阀等。

1．按控制方式分类

（1）气压控制换向阀

气压控制换向阀利用气体压力使主阀芯运动而使气流改变方向。在易燃、易爆、潮

湿、粉尘大、强磁场、高温等恶劣工作环境下，用气压控制阀芯动作比用电磁力控制要安全可靠。

气压控制换向阀的工作原理一般是当控制气口压力增加到大于阀芯另一端复位弹簧的弹力时，推动阀芯换向，当控制气口无压力或压力减小到低于复位弹簧的弹力时，阀芯复位。气压控制换向阀有单气控和双气控两种。

图 2-3 所示是单气控换向阀的工作原理图，图 2-3（a）为控制气口 K 无压缩空气时，阀芯在弹簧力作用下处于上面位置，P 与 A 断开，A 与 O 接通，阀处于排气状态；图 2-3（b）为控制气口 K 有压缩空气时，阀芯被压到下面位置，A 与 O 断开，P 与 A 接通，阀处于工作状态。图 2-3（c）为此阀的图形符号。

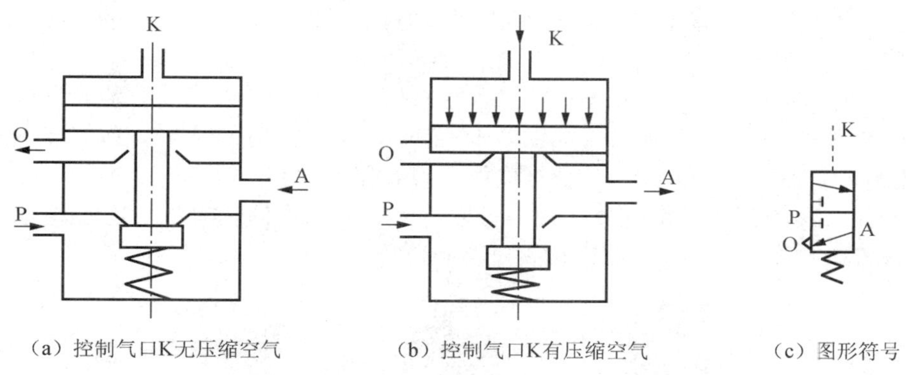

图 2-3　单气控换向阀的工作原理图

（2）机械控制换向阀

机械控制换向阀（又称行程换向阀）是利用执行机构或其他机构的运动部件，借助凸轮、滚轮、杠杆和撞块等机械外力推动阀芯，实现换向的阀。如图 2-4 所示，机械控制换向阀按阀芯的头部结构来分，常见的有直动圆头式、杠杆滚轮式、可通过滚轮杠杆式、旋转杠杆式等。

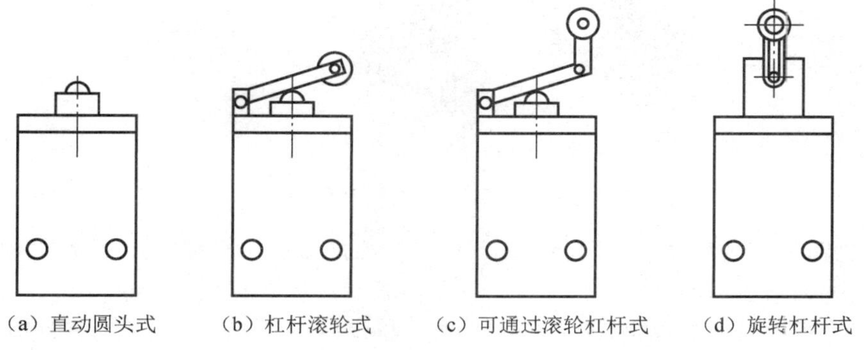

图 2-4　机械控制换向阀

（3）人力控制换向阀

人力控制换向阀与其他控制方式换向阀相比，使用频率较低，动作速度较慢。因为人的操作力不大，所以阀的通径小，操作灵活，可按照人的意志随时改变控制对象的状态，从而实现远距离控制。

人力控制换向阀在手动、半自动系统和自动控制系统中得到广泛的应用。在手动系统中，一般直接通过人力控制换向阀来操纵气动执行机构；在半自动系统和自动系统中，人力控制换向阀多作为信号阀使用。

人力控制换向阀按其操纵方式可分为手动阀和脚踏阀两种。

1）手动阀。手动阀的操作力不宜过大，故常采用长手柄以减小操作力，或者阀芯采用气压平衡结构，以减小气压作用面积。手动阀的操纵头部结构有多种，常用的有按钮式、蘑菇头式、旋钮式、拨动式等，如图 2-5 所示。

图 2-6 所示是推拉式手动换向阀的工作原理图。该阀阀芯有两个位置，当拉起阀芯时，P 与 B 相通，A 与 O_1 相通，如图 2-6（a）所示；当压下阀芯时，P 与 A 相通，B 与 O_2 相通，如图 2-6（b）所示。该换向阀内没有复位弹簧，具有定位功能，即操作力除去后能保持阀的工作状态不变。我们可以认为这样的换向阀单独考虑时没有常态位置，如果放在回路中，连接气路的位置是常态位置。

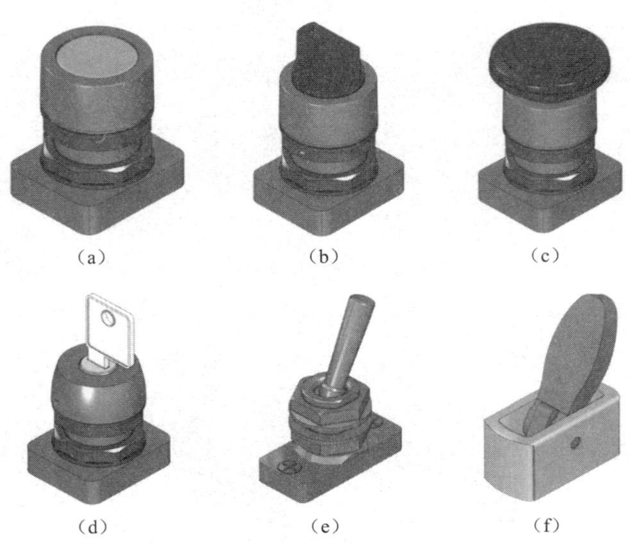

图 2-5　常用手动阀控制部分

2）脚踏阀。在半自动气控冲床上，由于操作者两只手需要装卸工件，为提高生产效率，用脚踏阀控制供气更为方便，特别是要求操作者坐着操纵的冲床。

脚踏阀有单板脚踏阀和双板脚踏阀两种。单板脚踏阀是脚一踏下便进行切换，脚一离开便恢复到原位，即只有两位式。双板脚踏阀有两位式和三位式之分。两位式的动作

是踏下踏板后，脚离开，阀不复位，直到踏下另一个踏板后，阀才复位。三位式有三个动作位置，脚没有踏下时，两边的踏板处于水平位置，为中间状态；踏下任一边的踏板，阀被切换，待脚一离开又恢复到中立状态。图 2-7 所示是脚踏阀的实物图和控制部分图形符号。

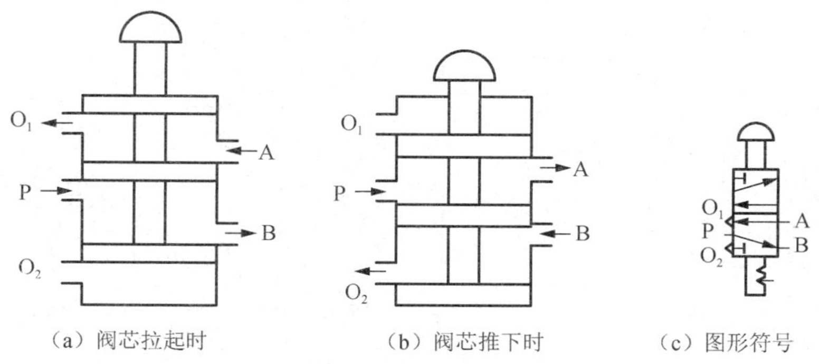

（a）阀芯拉起时　　（b）阀芯推下时　　（c）图形符号

图 2-6　推拉式手动换向阀的工作原理图

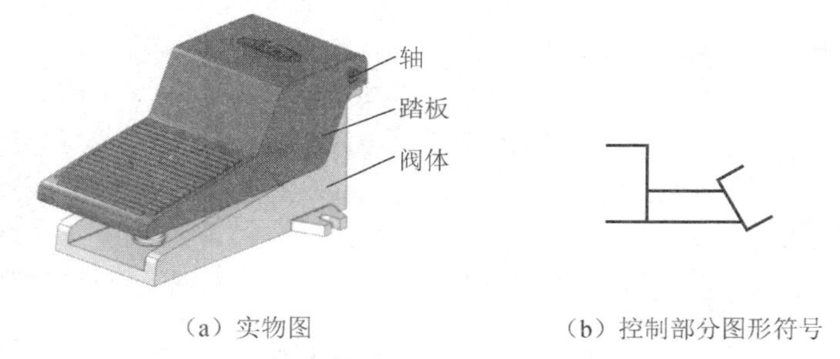

（a）实物图　　（b）控制部分图形符号

图 2-7　脚踏阀的实物图和控制部分图形符号

（4）电磁控制换向阀

电磁控制换向阀是由电磁铁通电对衔铁产生吸力，利用这个电磁力实现阀的切换以改变气流方向的阀。利用这种阀易于实现电、气联合控制，能实现远距离操作，故该阀得到了广泛的应用。电磁控制换向阀可分成直动式电磁换向阀和先导式电磁换向阀。

1）直动式电磁换向阀。由电磁铁的衔铁直接推动阀芯换向的气动换向阀称为直动式电磁换向阀。直动式电磁换向阀有单电控和双电控两种。

图 2-8 所示是单电控直动式电磁阀的工作原理图，图 2-8（a）中，当电磁铁断电时，阀芯在弹簧力作用下处于上位，P 与 A 断开，A 与 O 接通，阀处于排气状态；图 2-8（b）中，当电磁铁通电时，电磁铁推动阀芯向下移动到下位，P 与 A 接通，阀处于进气状态。图 2-8（c）是此阀的图形符号。

2）先导式电磁换向阀。先导式电磁换向阀由电磁先导阀和主阀两部分组成，电磁先导阀输出先导压力，此先导压力再推动主阀阀芯使阀换向。当阀的通径较大时，若采用直动式，则所需电磁力较大，体积和电耗都大，为克服这些弱点，宜采用先导式电磁换向阀。先导式电磁换向阀按控制方式可分为单电控和双电控两种。

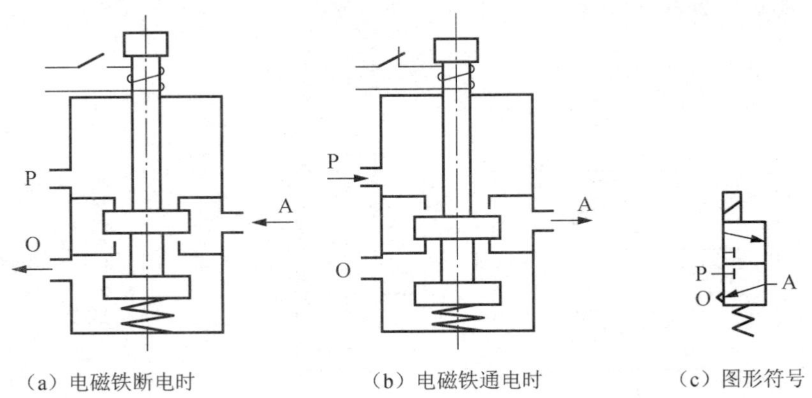

（a）电磁铁断电时　　（b）电磁铁通电时　　（c）图形符号

图 2-8　单电控直动式电磁阀工作原理图

图 2-9 所示是单电控先导式电磁换向阀的动作原理图，在图 2-9（b）左图中，当电磁先导阀的励磁线圈断电时，先导阀的 x 与 A_1 口断开，A_1 与 O_1 口接通，先导阀处于排气状态，此时，主阀阀芯在弹簧和 P 口气压作用下向右移动，使 P 与 A 断开，A 与 O 接通，即主阀处于排气状态；在图 2-9（b）右图中，当电磁先导阀通电后，x 与 A_1 接通，电磁先导阀处于进气状态，即主阀控制腔 A_1 进气。由于 A_1 腔内气体作用于阀芯上的力大于 P 口气体作用在阀芯上的力与弹簧力之和，因此将活塞推向左边，使 P 与 A 接通，即主阀处于进气状态。为保证主阀正常工作，两个电磁先导阀不能同时通电，电路中要考虑互锁保护。

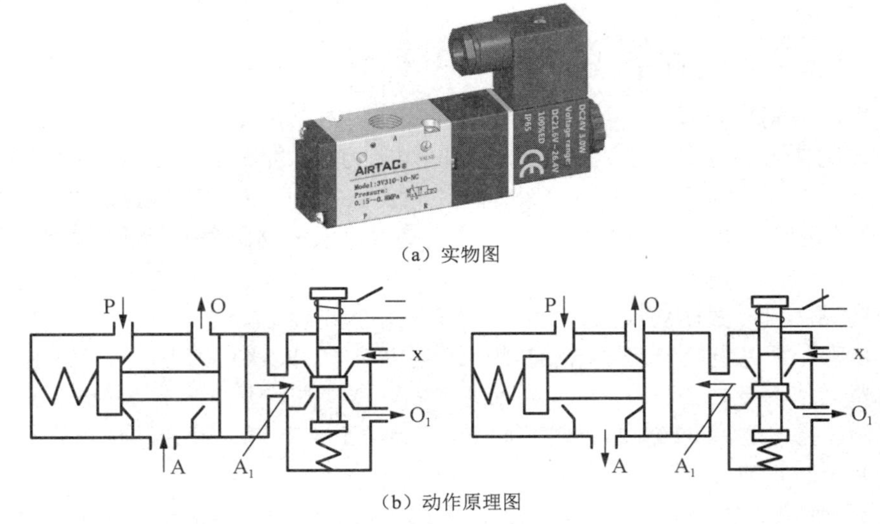

（a）实物图

（b）动作原理图

图 2-9　单电控先导式电磁换向阀实物图和动作原理图

直动式电磁阀依靠电磁铁直接推动阀芯，实现阀通路的切换，其通径一般较小或采用间隙密封的结构形式。通径小的直动式电磁阀也可称为微型电磁阀，常用于小流量控制或作为先导式电磁阀的先导阀。而先导式电磁阀是由电磁阀输出的气压推动主阀阀芯，实现主阀通路的切换，通径大的电磁阀都采用先导式结构。

2. 按通口数和工作位置数分类

阀的通口数目是阀的切换通口数目，不包括控制口数目。阀的切换通口包括输入口、输出口和排气口。按切换通口数目分，常用的有二通阀、三通阀、四通阀和五通阀等，见表 2-3。方格内的箭头表示两气口相通，但不表示气流方向，符号“T”和“⊥”表示换向阀内通道被封闭。箭头、封闭符号与任一方格的交点数表示换向阀通口数。

表 2-3　换向阀通口数和位数比较

通口数 \ 工作位置数	二位	三位		
		中间密封	中间加压	中间卸压
二通	A　A P　P 常断　常通	—	—	—
三通	A　A P O　P O 常断　常通	A P O	—	—
四通	A B P O	A B P O	A B P O	A B P O
五通	A B O_1 P O_2	A B O_1 P O_2	A B O_1 P O_2	A B O_1 P O_2

二通阀有两个口，即一个输入口（用 P 表示）和一个输出口（用 A 表示）。

三通阀有三个口，除 P 口、A 口外，增加一个排气口（用 O 表示）。也可以是两个输入口（用 P_1、P_2 表示）和一个输出口，作为选择阀（选择两个不同大小的压力值）；或一个输入口，两个输出口，作为分配阀。

四通阀有四个口，除 P、A、O 外，还有一个输出口（用 B 表示），气流通路为 P 与 A 通，B 与 O 通或 P 与 B 通、A 与 O 通。

五通阀有五个口，除 P、A、B 外，有两个排气口（用 O_1、O_2 表示）。气流通路为 P

与 A 通，B 与 O_2 通或 P 与 B 通、A 与 O_1 通。

阀芯的工作位置简称“位”。阀芯有几个工作位置，该阀就是几位阀。方格表示换向阀的工作位置，两个方格表示二位阀，三个方格表示三位阀。三位换向阀的中格和二位换向阀靠近弹簧的一格为常态位置（或称静止位置、零位置），即阀芯未受到控制力作用时所处的位置；靠近控制符号的一格为控制力作用下所处的位置。

思考与练习

1. 换向阀按其控制方式的不同可以分为________换向阀、________换向阀、________换向阀和________换向阀。

2. 直动式电磁换向阀和先导式电磁换向阀有何主要区别？

3. 机械控制换向阀按阀芯头部结构形式不同，可分为哪些类型？各有何特点？

4. 画出下列阀的图形符号：

二位三通单气控换向阀　　二位五通双电控先导式电磁换向阀

二位二通推拉式手动换向阀　　二位三通机械控制换向阀

知识拓展

一、单作用气缸

图 2-10 所示为一种单作用气缸的结构图和图形符号。压缩空气只从气缸一侧进入气缸，推动活塞使活塞杆伸出，另一侧靠弹簧力推动活塞返回。部分气缸靠活塞和运动部件的自重或外力返回。

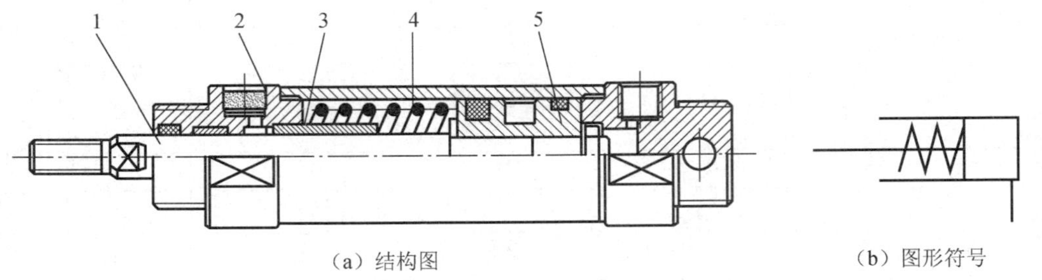

（a）结构图　　（b）图形符号

图 2-10　单作用气缸的结构图和图形符号

1—活塞杆；2—过滤片；3—止动套；4—弹簧；5—活塞

这种气缸的特点是结构简单，由于只需向一端供气，耗气量小。复位弹簧的反作用力随压缩行程的增大而增大，因此活塞的输出力随活塞运动的行程增加而减小。缸体内安装弹簧，增加了缸筒长度，缩短了活塞的有效行程。这种气缸多用于行程短、对输出力和运动速度要求不高的场合。

二、膜片气缸

膜片气缸是利用压缩空气通过膜片的变形来推动活塞杆做直线运动的气缸。它由缸体、膜片、膜盘和活塞杆等主要零件组成，它分单作用式和双作用式两种。

图 2-11 所示是单作用式膜片气缸的结构图。膜片有平膜片和盘形膜片两种，一般用夹织物橡胶制成，厚度为 5 ~ 6mm 或 1 ~ 2mm。

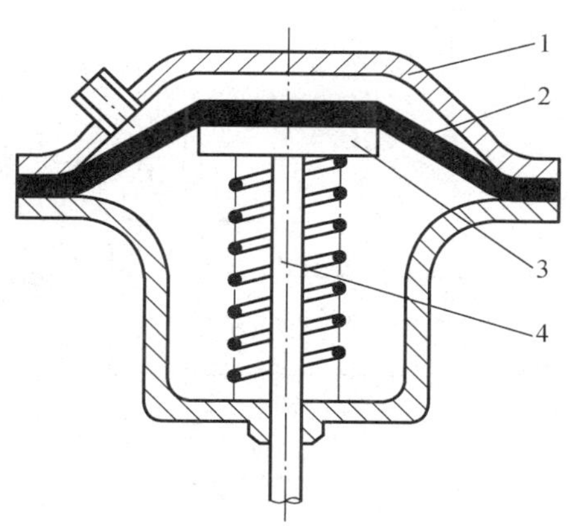

图 2-11　单作用式膜片气缸结构图

1—缸体；2—膜片；3—膜盘；4—活塞杆

膜片气缸的优点是结构简单、紧凑，体积小，质量轻，密封性好，不易漏气，加工简单，成本低，无磨损件，维护、修理方便等；缺点是行程短，一般不超过 50mm。平膜片气缸的行程更短，约为平膜片直径的 1/10，适用于行程短的场合。

膜片气缸在化工、冶炼等行业中常用来控制管道阀门的开启和关闭，如热压机蒸汽进气主管道阀门的开启和关闭。在机械加工和轻工气动设备中，常用它来推动无自锁机构的夹具，也可用来保持固有的拉力或推力。

三、气液阻尼缸

气液阻尼缸是气缸和液压缸的组合缸，用气缸产生驱动力，用液压缸的阻尼调节作用获得平稳的运动。

气液阻尼缸按其结构不同，可分为串联式和并联式两种。

图 2-12 所示为串联式气液阻尼缸，它由一根活塞杆将气缸 2 的活塞和液压缸 3 的活塞串联在一起，两缸之间用隔板 7 隔开，防止空气与液压油互窜。工作时由气缸驱动，液压缸起阻尼作用。节流机构（由节流阀 4 和单向阀 5 组成）可调节液压缸的排油量，从而调节活塞运动的速度。油杯 6 起储油或补油的作用。由于液压油可以看作不可压缩流体，排油量稳定，只要缸径足够大，就能保证活塞运动速度的均匀性。

气液阻尼缸的工作原理如下：当气缸活塞向左运动时，推动液压缸左腔排油，单向阀油路不通，只能经节流阀回油到液压缸右腔。由于排油量较小，活塞运动缓慢、匀速，实现了慢速进给的要求。其速度大小，可通过调节节流阀的通流面积来控制。反之，当活塞向右运动时，液压缸右腔排油，经单向阀流到左腔。由于单向阀通流面积大，回油快，因此活塞快速退回。这种缸有慢进快退的调速特性，常用于空行程较快而工作行程较慢的场合。

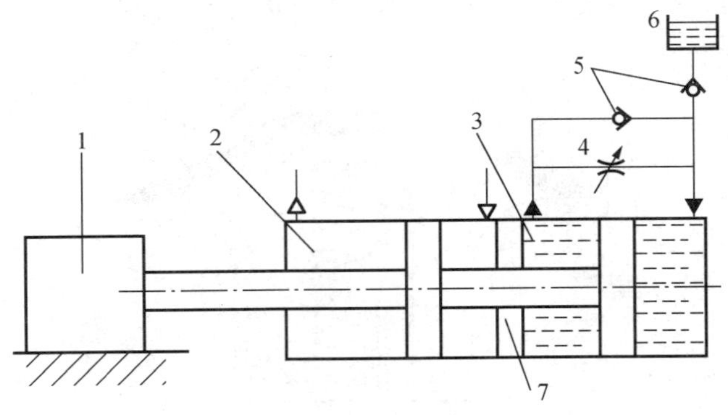

图 2-12　串联式气液阻尼缸

1—负载；2—气缸；3—液压缸；4—节流阀；5—单向阀；6—油杯；7—隔板

图 2-13 所示为并联式气液阻尼缸，其特点是液压缸与气缸并联，用一块刚性连接板相连，液压缸活塞杆可在连接板内浮动一段行程。

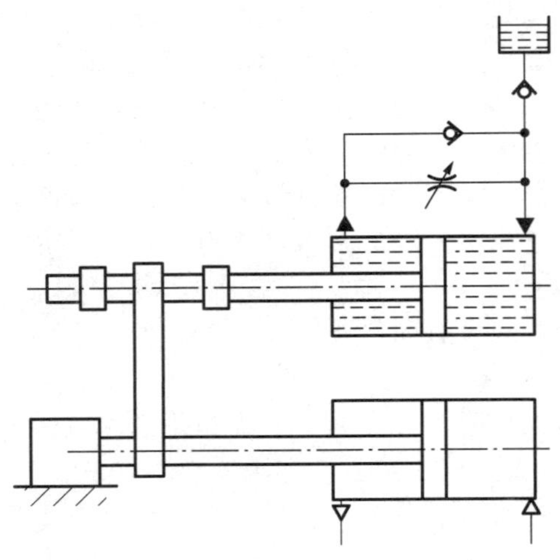

图 2-13　并联式气液阻尼缸

并联式气液阻尼缸的优点是缸体长度短，占机床空间位置小，结构紧凑，空气与液压油不互窜，缺点是液压缸活塞杆与气缸活塞杆安装在不同轴线上，运动时易产生附加力矩，增加导轨磨损，产生爬行现象。

模块二　安装与调试公交车门开关回路

任务引入

图 2-14 所示为公交车门开关控制装置，公交车门的开关由气缸控制。公交车司机附近有两个车门控制按钮，按下“关闭车门”按钮，气缸活塞杆伸出，推动车门关闭；公交车司机按下“打开车门”按钮，气缸活塞杆缩回，带动车门打开。

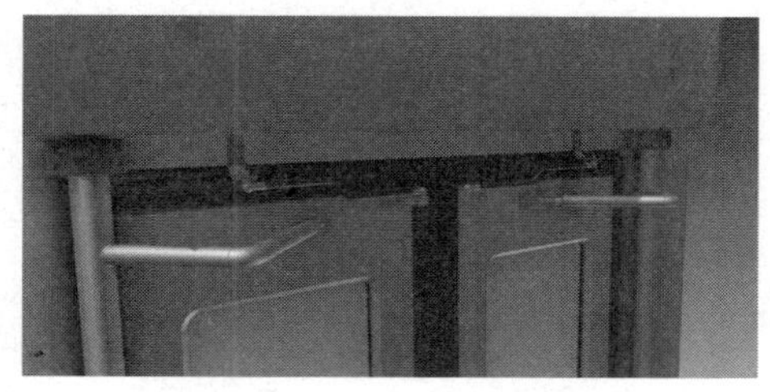

图 2-14　公交车门开关控制装置

任务布置

识读公交车门开关控制回路图，认识新的气动元件，了解本次任务可能遇到的安全问题；选择合适的气动元件安装回路并调试，解决调试过程中出现的问题，最后对任务实施过程进行评定和检验，完成课后习题，并由个人、小组和教师分别对任务进行总结评价，填写任务评价表。

任务实施

一、识读公交车门开关回路图

如图 2-15 所示，公交车门开关回路的工作原理如下：气源 1 为系统提供压缩空气，压缩空气进入气动三联件 2，气动三联件对压缩空气进行净化、调压和润滑处理，压缩空气分别到达二位三通按钮式换向阀 3、4 的进气口和二位五通双气控换向阀 5 的进气口，按下阀 3，压缩空气经过阀 3 进入阀 5 的左控制口，推动阀 5 的阀芯向右运动，左位工作，双作用气缸活塞杆伸出，带动车门关闭。松开阀 3，按下阀 4，压缩空气经过阀 4 进入阀 5 的右控制口，推动阀 5 的阀芯向左运动，右位工作，双作用气缸 6 中的活塞杆缩回，带动车门打开。在初始状态下，因阀 5 处于右位状态，双作用气缸 6 的活塞

杆保持在图示缩回状态，车门打开。

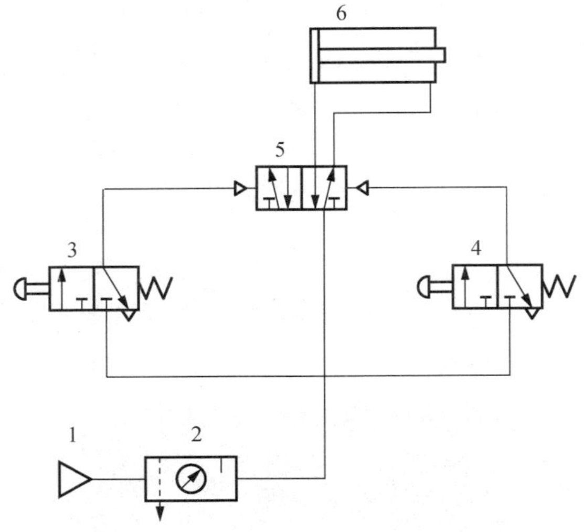

图 2-15　公交车门开关控制回路图

1—气源；2—气动三联件；3，4—二位三通按钮式换向阀；5—二位五通双气控换向阀；6—双作用气缸

二、安装公交车门开关回路

根据气动回路图从气动元件库中选取适合本次任务的气动元件，按照压缩空气的流向安装回路。

参考安装方法（参考图 2-15 所示）：首先用气管从气源 1 的出气口连接到气动三联件 2 进气口（P 口），再用气管从气动三联件 2 的出口（A 口）通过四通接头分别连接到换向阀 3 的进气口（P 口）、换向阀 4 的进气口（P 口）和换向阀 5 的进气口（P 口），再用气管从换向阀 3 的出气口（A 口）连接到换向阀 5 的左控制口，用气管从换向阀 4 的出气口（A 口）连接到换向阀 5 的右控制口，最后用两根气管把换向阀 5 的出气口和气缸连接起来。

三、调试公交车门开关控制回路

调试公交车门开关控制回路的注意事项如下。

1）检查各个接口是否连接安全。

2）打开气源，调节调压阀的调节旋钮，使气压为 0.3～0.4MPa。

3）打开空气调压器上面连接的旋钮开关，让系统回路通气。

4）检查通气后所有气缸能否回到初始位置。

5）观察是否有漏气现象，若漏气，则关闭气源，查找漏气原因并排除。

6）按照公交车门开关控制回路的工作原理进行实验，调节气缸运动速度，使气缸运动平稳，无振动和冲击。

7）动作可靠，且伸缩速度基本保持一致。观察结果，判断是否达到预期效果。

四、故障设置及排除

1. 故障设置

由小组成员或教师设置 1～3 处气路故障，如不能起动、气缸伸出或缩回太快不能调节、气缸不能伸出或不能返回等。设置气路不通可采用用透明胶挡住气管和改变进、出气口等方法。

常见故障原因如下（参考图 2-15 所示）。

1）气缸的初始状态不对，原因可能是：①换向阀 3 的进、出气口连接错误；②换向阀 4 的进、出气口连接错误；③换向阀 5 的进、出气口连接错误或阀芯位置不对。

2）气缸不能正常运行，原因有：①气源 1 不能正常提供压缩空气；②气动三联件 2 中减压阀调节压力过低；③换向阀 3、4 的进气口连接错误；④换向阀 5 的进、出气口或控制口连接错误。

2. 观察故障现象，分析故障原因

根据故障现象和排除情况，完成表 2-4 的填写。

表 2-4　故障检测表

故障序号	故障现象	分析原因	查找步骤	故障点
1				
2				
3				

3. 排除故障恢复功能

根据现象分析和查找故障点并进行逐一排查，恢复系统功能并调试好系统。

4. 注意事项

1）设置故障和排除故障，必须在关闭气源的状态下进行。

2）决不允许在通气状态下插拔气管。

3）在检查回路时，发生漏气现象要及时关闭气源。

4）在排查故障时，不能扩大故障点，不能损坏元件。

5）完成故障排除后，及时关闭气源，拆下管路和元件，放回原位。

任务评价 

表 2-5 是任务评价表，任务实施后，完成任务评价表的填写。

表 2-5　任务评价表

班级		姓名		任务名称		
序号	步骤	要求		评分标准	配分	得分
1	识读气动回路图	能否正确绘制回路图		每错一处扣 2 分	22 分	
		能否识别气动元件				
		能否读懂回路图				
2	安装	能否正确选择元件		每项 6 分，根据情况酌情扣分	30 分	
		元件布局是否合理				
		能否正确连接元件				
		接头连接是否可靠				
		整体安装是否美观、合理				
3	调试	通气前各阀是否处于正确位置		每项 7 分，根据情况酌情扣分	28 分	
		调试方法是否正确				
		调试过程是否正确				
		停气后各元件是否处于正确位置				
4	安全文明 5S 考核	安全操作		每项 10 分	20 分	
		操作过程中工位是否符合 5S 要求				
总分					100 分	

相关知识

一、气源系统

1. 气源装置的功能

在气动系统中用于产生、处理和储存压缩空气的设备称为气源装置。气源装置的作用是为气动系统提供满足一定质量要求的清洁、干燥的压缩空气。

2. 气源装置的组成及工作原理

如图 2-16 所示，气源装置一般由空气压缩机和空气冷却、净化、干燥、储存装置等组成。

通过电动机 6 驱动的空气压缩机 1，将空气由大气压力状态压缩到较高的压力状态，输送到气动系统。压力开关 7 是根据压力的大小来控制电动机的起动和停止的。当小气

罐4内压力上升到调定的最高压力时，压力开关发出信号让电动机停止工作；当气罐内压力降至调定的最低压力时，压力开关又发出信号让电动机重新工作。当小气罐内压力超过允许限度时，安全阀2自动打开向外排气，以保证空气压缩机的安全。当大气罐12内压力超过允许限度时，安全阀13自动打开向外排气，以保证大气罐的安全。单向阀3在空气压缩机不工作时，用于阻止压缩空气反向流动。后冷却器10通过降低压缩空气的温度，将水蒸气及污油雾冷凝成液态水滴和油滴。油水分离器11用于进一步将压缩空气中的油、水等污染物分离出来。在后冷却器、油水分离器、空气压缩机和气罐等的最低处，都需设有手动或自动排水器5，以便于排除各处冷凝的液态油、水等污染物。

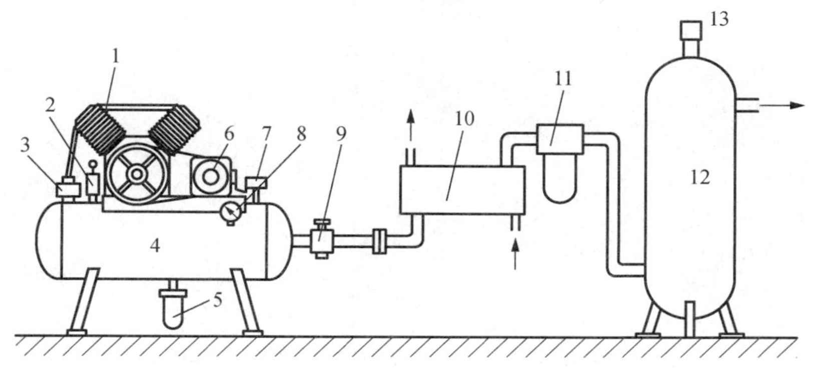

图2-16　气源装置的组成

1—空气压缩机；2，13—安全阀；3—单向阀；4—小气罐；5—排水器；6—电动机；7—压力开关；8—压力表；9—截止阀；10—后冷却器；11—油水分离器；12—大气罐

二、空气压缩机

1. 空气压缩机的功能

空气压缩机是气压系统的动力装置，能将原动机的机械能转换成气体压力能，从而为气动系统提供动力源。

2. 空气压缩机的分类

空气压缩机的种类很多，按压力高低可分为低压型（0.2～1.0MPa）、中压型（1.0～10MPa）和高压型（＞10MPa），按工作原理可分为容积型和速度型两类。

在容积型压缩机中，气体压力的提高是由于压缩机内部的工作容积被压缩，使单位体积内气体的分子密度增加而导致的。而在速度型压缩机中，气体压力的提高是由于气体分子在高速流动时突然受阻而停滞下来，使动能转化为压力能而导致的。

容积型压缩机按结构不同，可分为活塞式、膜片式和螺杆式等。速度型压缩机按结构不同，分为离心式和轴流式等。

3. 活塞式空气压缩机

气压传动系统中使用最广泛的是活塞式空气压缩机。活塞式空气压缩机是通过曲柄连杆机构使活塞做往复运动而实现吸气、压缩气，并达到提高气体压力的目的的。图 2-17 所示为活塞式空气压缩机的实物图和图形符号。

（a）实物图

（b）图形符号

图 2-17　活塞式空气压缩机的实物图和图形符号

图形符号识别技巧

- 图形符号代表气动系统中的动力源，它可以是任意一种空气压缩机的图形符号。
- 图中的圆代表回转机构。
- 圆内的三角形表明它是空气动力源（液压动力源是黑色填充三角形）。
- 圆内的三角形下大上小，表明空气的体积变化由大到小，是压缩空气，区别于气动马达。

其工作原理如图 2-18 所示。曲柄 8 由原动机（电动机）带动旋转，从而驱动活塞 3 在气缸 2 内做往复运动。当活塞向右运动时，气缸内容积增大而形成部分真空，活塞左腔的压力低于大气压力，吸气阀 9 开启，外界空气进入缸内，这个过程称为吸气过程；当活塞反向运动时，吸气阀关闭，随着活塞的左移，缸内气体受到压缩而使压力升高，这个过程称为压缩过程。当缸内压力高于输出气管内压力后，排气阀 1 被打开，压缩空气进入输出气管内，这个过程称为排气过程。曲柄 8 旋转一周，活塞往复行程一次，即完成一个工作循环。

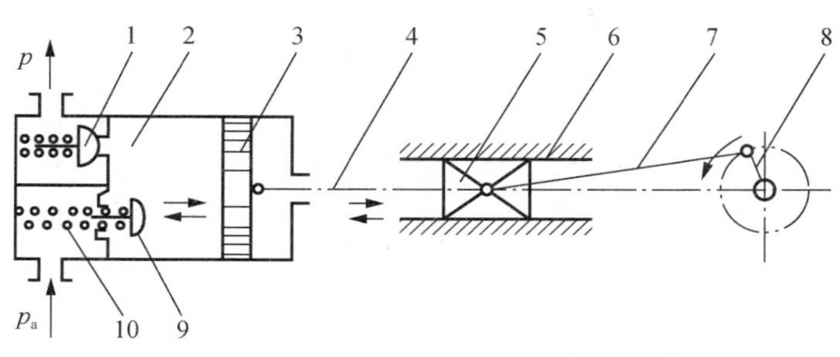

图 2-18　活塞式空气压缩机的工作原理图

1—排气阀；2—气缸；3—活塞；4—活塞杆；5—滑块；6—滑道；7—连杆；8—曲柄；9—吸气阀；10—弹簧

思考与练习

1．________是气动系统的动力源，它把电动机输出的机械能转换成________输送给气动系统。

2．容积型压缩机按结构不同又可分为________、________和________等。速度型压缩机按结构不同分为________和________等。

3．空气压缩机起何作用？简述活塞式空气压缩机的工作过程。

知识拓展

一、气动控制阀与液压阀比较

1. 使用的能源不同

气动元件和装置可采用空压站集中供气的方法，根据使用要求和控制点的不同来调节各自减压阀的工作压力。液压阀都设有回油管路，便于油箱收集用过的液压油。气动控制阀可以通过排气口直接把压缩空气向大气排放。

2. 对泄漏的要求不同

液压阀对向外泄漏的要求严格，而对元件内部的少量泄漏却是允许的。对于气动控制阀来说，除间隙密封的阀外，原则上不允许内部泄漏。气动控制阀的内部泄漏有导致事故的危险。对于气动管道来说，允许有少许泄漏；而液压管道的泄漏将造成系统压力下降和对环境的污染。

3. 对润滑的要求不同

液压系统的工作介质为液压油，液压阀不存在对润滑的要求；气动系统的工作介质为空气，空气无润滑性，因此许多气动阀需要油雾润滑。阀的零件应采用不易受水腐蚀的材料，或者采取必要的防锈措施。

4. 压力范围不同

气动控制阀的工作压力范围比液压阀低。气动控制阀的工作压力通常为 1MPa 以内，少数可达到4MPa以内。但液压阀的工作压力都很高（通常在50MPa以内）。若气动控制阀在超过最高容许压力下使用，往往会发生严重事故。

5. 使用特点不同

一般气动控制阀比液压阀结构紧凑、质量轻、易于集成安装，阀的工作频率高、使用寿命长。气动控制阀正向低功率、小型化方向发展，已出现功率只有0.5W的低功率电磁阀，可与微机和可编程控制器直接连接，也可与电子器件一起安装在印制电路板上，通过标准板接通气电回路，省去了大量配线，适用于气动工业机械手、复杂的生产制造装配线等场合。

二、气动方向阀常见故障及其排除方法

气动方向阀常见故障及其排除方法可参考表2-6。

表2-6　气动方向阀常见故障及其排除方法

故障	原因	排除方法
不能换向	阀的滑动阻力大，润滑不良	进行润滑
	O形密封圈变形	更换密封圈
	粉尘卡住滑动部分	清除粉尘
	弹簧损坏	更换弹簧
	阀操纵力小	检查阀操纵部分
	活塞密封圈磨损	更换密封圈
阀产生振动	空气压力低（先导型）	高操纵压力，采用直动型
	电源电压低（电磁阀）	提高电源电压，使用低电压线圈
交流电磁铁有蜂鸣声	活动铁心密封不良	检查铁心接触和密封性，必要时更换铁心组件
	粉尘进入铁心的滑动部分，使活动铁心不能密切接触	清除粉尘
	T形活动铁心的铆钉脱落，铁心叠层分开不能吸合	更换活动铁心
	短路环损坏	更换固定铁心
	电源电压低	提高电源电压
	外部导线拉得太紧	引线应宽裕
电磁铁动作时间偏差大或有时不能动作	活动铁心锈蚀，不能移动；在湿度高的环境中使用气动元件时，由于密封不完善而向磁铁部分泄漏空气	铁心除锈，修理好对外部的密封，更换坏的密封件
	电源电压低	提高电源电压或使用符合电压要求的线圈
	粉尘等进入活动铁心的滑动部分，阻碍运动	清除粉尘
线圈烧毁	环境温度高	应在产品规定温度范围内使用
	快速循环使用	用高级电磁阀
	因为吸引时电流大，单位时间耗电多，温度升高，使绝缘损坏而短路	用气动逻辑回路
	粉尘夹在阀和铁心之间，不能吸引活动铁心	清除粉尘
	线圈上残余电压	使用正常电源电压，使用符合电压要求的线圈
切断电源，活动铁心不能退回	粉尘进入活动铁心的滑动部分	清除粉尘

模块三　安装与调试圆柱工件分离回路

任务引入

如图 2-19 所示，某工厂需要安装一套对圆柱形工件进行分离的气动装置，工件通过气缸的连续运动而被分离。当容器内的圆柱形工件落入气缸 1A 的活塞杆前部时，按下按钮，使气缸活塞杆伸出将工件推出，气缸在前进的末端位置停留 3s 后活塞杆自动返回初始位置。

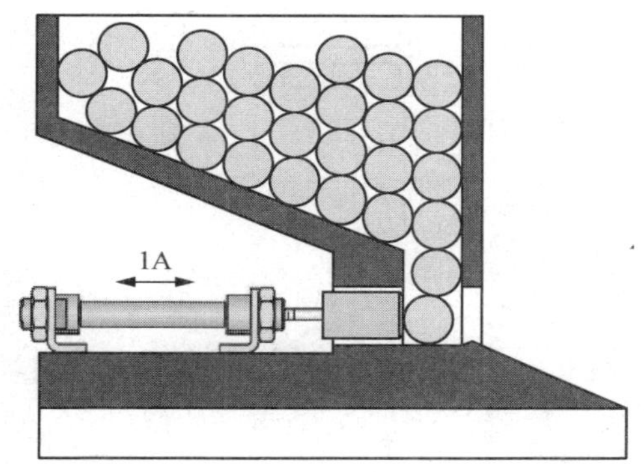

图 2-19　圆柱工件分离装置

任务布置

识读圆柱工件分离回路原理图，认识新气动元件，了解本次任务可能遇到的安全问题；选择合适的气动元件安装回路并调试，解决调试过程中出现的问题；对任务实施过程进行评定和检验，完成课后习题，并由个人、小组和教师分别对任务进行总结评价，填写任务评价表。

任务实施

一、识读圆柱工件分离回路图

如图 2-20 所示，圆柱工件分离回路的工作原理如下：气源 1 为系统提供压缩空气，压缩空气进入气动三联件 2，气动三联件对压缩空气进行净化、调压和润滑处理。初始状态下，双作用气缸 9 的活塞杆在原始位置上，活塞杆头部挡块压下二位三通机动式换向阀4的滚轮，阀4接通，与门型梭阀6右侧进气口有压缩空气进入。按下二位三通按钮式换向阀3并及时松开，这时与门型梭阀6的左侧进气口也有压缩空气进入，则与门型梭阀6出气口有压缩空气流出，进入二位五通双气控换向阀8的左侧控制口，阀8处于左位，压缩空气经过换向阀8进入双作用气缸9左腔，气缸活塞杆伸出。气缸活塞杆伸出后二位三通机动式换向阀4的状态恢复，阀8左侧控制口无压缩空气。气缸活塞杆完全伸出后挡块压下二位三通机动式换向阀5，阀5进出口相通，对延时换向阀7产生一个气控信号，延时时间的设置可通过调节节流阀开口来改变，当阀7中的储气室被充满压缩室气后，才会达到足够的压力去克服复位弹簧力使阀芯动作，阀7进出口相通，压缩空气进入阀8的右侧控制口，阀8处于右位，压缩空气经过阀8进入双作用气缸9右腔，气缸活塞杆缩回。气缸完全缩回后挡块再次压下阀4的滚轮，一个循环结束。若保持按下换向阀3，上述动作不断循环。

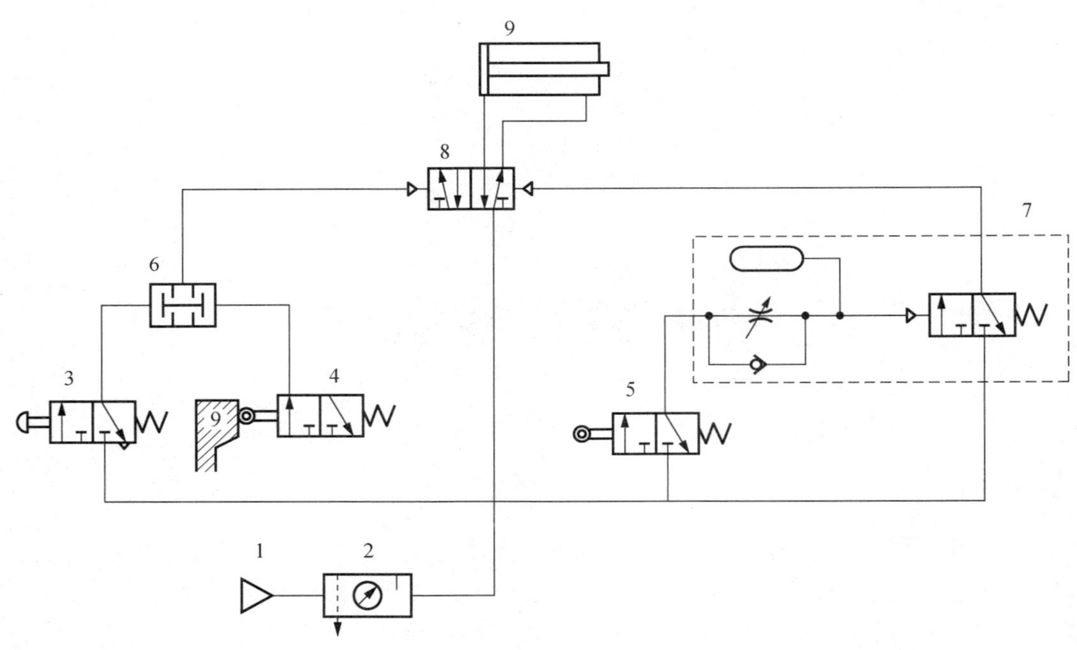

图2-20　圆柱工件分离回路图

1—气源；2—气动三联件；3—二位三通按钮式换向阀；4，5—二位三通机动式换向阀；
6—与门型梭阀；7—延时换向阀；8—二位五通双气控换向阀；9—双作用气缸

二、安装圆柱工件分离回路

根据气动回路图从气动元件库中选取适合本次任务的气动元件，按照压缩空气的流向安装回路。

参考安装方法（参考图 2-20 所示）：首先用气管从气源 1 的出气口连接到气动三联件 2 进气口（P 口），再用气管从气动三联件 2 的出口（A 口）通过多通接头分成五路：第一路连接到二位三通按钮换向阀 3 的进气口（P 口），再从阀 3 的出气口（A 口）连接到与门型梭阀 6 的左侧控制口；第二路连接到二位三通机动式换向阀 4 的进气口(P 口)，再从阀 4 的出气口（A 口）连接到阀 6 的右侧进气口，阀 6 的出气口连接到二位五通双气控换向阀 8 的左侧控制口；第三路连接到阀 8 的进气口（P 口）；第四路连接到二位三通机动式换向阀 5 的进气口（P 口），从阀 5 的出气口（A 口）连接到延时换向阀 7 的控制口（Z 口）；第五路连接到阀 7 的进气口（P 口），再从阀 7 的出气口（A 口）连接到阀 8 的右侧控制口。最后用两根气管把阀 8 的出气口和气缸连接起来。

三、调试圆柱工件分离回路

调试圆柱工件分离回路的注意事项如下。

1）检查各个接口是否连接安全。

2）打开气源，调节调压阀的调节旋钮，使气压为 0.3～0.4MPa。

3）打开空气调压器上面连接的旋钮开关，让系统回路通气。

4）检查通气后所有气缸能否回到要求的初始位置。

5）观察是否有漏气现象，若漏气，则关闭气源，查找漏气原因并排除。

6）按照圆柱工件分离回路的工作原理进行实验，调节气缸运动速度，使气缸运动平稳，无振动和冲击。

7）动作可靠，且伸缩速度基本保持一致。观察结果，看是否达到预期效果。

四、故障设置及排除

1. 故障设置

由小组成员或教师设置 1～3 处气路故障，如不能起动、气缸伸出或缩回太快不能调节、气缸不能伸出或不能返回等。设置气路不通可采用用透明胶挡住气管、改变进出气口等方法。

常见故障原因如下（参考图 2-20 所示）。

1）气缸的初始状态不对，原因可能是：①换向阀 3 的进、出气口连接错误；②换向阀 4、5 的进、出气口连接错误；③换向阀 8 的进出气口连接错误或阀芯位置不对。

2）气缸不能正常运行，原因有：①气源 1 不能正常提供压缩空气；②气动三联件 2 中减压阀调节压力过低；③换向阀 3、4、5 的进气口连接错误；④换向阀 8 的进、出气口或控制口连接错误。

3）延时现象无法实现，原因有：①延时换向阀连接错误；②延时换向阀中节流阀开口过大或过小。

2. 观察故障现象，分析故障原因

根据故障现象和排除情况，完成表 2-7 的填写。

表 2-7　故障检测表

故障序号	故障现象	分析原因	查找步骤	故障点
1				
2				
3				

3. 排除故障

根据现象分析和查找故障点并逐一排查，恢复系统功能并调试好系统。

4. 注意事项

1）在设置故障和排除故障时，必须在关闭气源的状态下进行。
2）决不允许在通气状态下插拔气管。
3）在检查回路时，发生漏气现象要及时关闭气源。
4）在排查故障时，不能扩大故障点，不能损坏元件。
5）完成故障排除后，及时关闭气源，拆下管路和元件，放回原位。

任务评价

表 2-8 是任务评价表，任务实施后，完成任务评价表的填写。

表 2-8　任务评价表

<table>
<tr><td>班级</td><td></td><td colspan="2">姓名</td><td>任务名称</td><td colspan="2"></td></tr>
<tr><td>序号</td><td>步骤</td><td colspan="2">要求</td><td>评分标准</td><td>配分</td><td>得分</td></tr>
<tr><td rowspan="3">1</td><td rowspan="3">识读气动回路图</td><td colspan="2">能否正确绘制回路图</td><td rowspan="3">每错一处扣 2 分</td><td rowspan="3">22 分</td><td rowspan="3"></td></tr>
<tr><td colspan="2">能否识别气动元件</td></tr>
<tr><td colspan="2">能否读懂回路图</td></tr>
<tr><td rowspan="5">2</td><td rowspan="5">安装</td><td colspan="2">能否正确选择元件</td><td rowspan="5">每项 6 分，根据情况酌情扣分</td><td rowspan="5">30 分</td><td rowspan="5"></td></tr>
<tr><td colspan="2">元件布局是否合理</td></tr>
<tr><td colspan="2">能否正确连接元件</td></tr>
<tr><td colspan="2">接头连接是否可靠</td></tr>
<tr><td colspan="2">整体安装是否美观、合理</td></tr>
</table>

续表

班级		姓名		任务名称		
序号	步骤	要求		评分标准	配分	得分
3	调试	通气前各阀是否处于正确位置		每项 7 分，根据情况酌情扣分	28 分	
		调试方法是否正确				
		调试过程是否正确				
		停气后各元件是否处于正确位置				
4	安全文明 5S 考核	安全操作		每项 10 分	20 分	
		操作过程中工位是否符合 5S 要求				
总分					100 分	

相关知识

1. 单作用气缸的换向回路

单作用气缸靠气压使活塞杆单方向伸出，反向运动依靠弹簧力或自重等其他外力返回。通常采用二位三通阀、三位三通阀和二位二通阀来实现方向控制。

图 2-21 所示为采用手控二位三通换向阀的单作用气缸换向回路，此方法适用于气缸缸径较小的场合。其中图 2-21（a）为采用弹簧复位式手控二位三通换向阀的换向回路，当按下按钮后阀进行切换，活塞杆伸出，松开按钮后阀复位，气缸活塞杆靠弹簧力返回。图 2-21（b）为采用带定位机构的手控二位三通换向阀的换向回路，按下按钮后活塞杆伸出，松开按钮，因阀有定位机构而保持原位，活塞杆仍保持伸出状态，只有把按钮上拨时，二位三通阀才能换向，气缸进行排气，活塞杆返回。

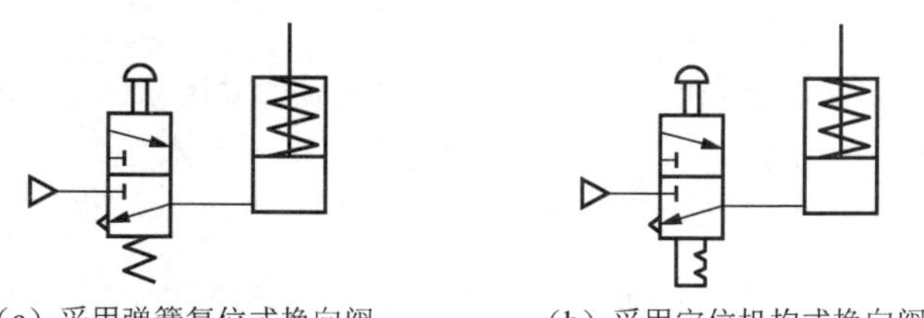

（a）采用弹簧复位式换向阀　　（b）采用定位机构式换向阀

图 2-21　采用手控二位三通换向阀的单作用气缸换向回路

2. 双作用气缸的换向回路

双作用气缸的换向回路是指通过控制气缸两腔的供气和排气来实现气缸的伸出和缩回运动的回路，一般用二位五通阀和三位五通阀控制。

图 2-22 所示为采用二位五通气控换向阀的双作用气缸换向回路，其中图 2-22（a）采用双气控二位五通气控换向阀为主控阀，它是具有“记忆”的换向回路，气控信号 *m*

和 *n* 由手控阀或机控阀供给；图 2-22（b）中的换向回路采用了单气控二位五通气控换向阀为主控阀，由带定位机构的手控二位三通阀提供气控信号。

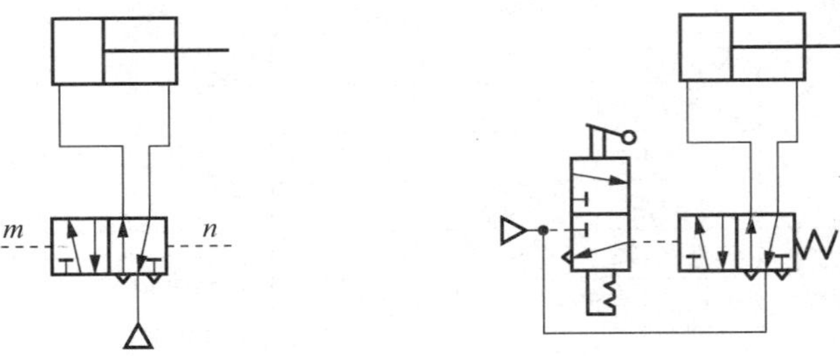

（a）采用双气控二位五通气控换向阀　（b）采用单气控二位五通气控换向阀

图 2-22　采用二位五通气控换向阀的双作用气缸换向回路

图 2-23（a）所示为采用双气控三位五通换向阀的双作用换向回路。当 *m* 信号输入时换向阀移至左位，气缸活塞杆伸出；当 *n* 信号输入时换向阀至右位，气缸活塞杆缩回；当 *m*、*n* 信号均输入时换向阀回到中位，活塞杆在中途停止运动。由于空气的可压缩性以及气缸活塞、活塞杆及其带动的运动部件产生的惯性力，仅用三位五通阀使活塞杆中途停下来，其定位精度不高。图 2-23（b）是采用双电控气动三位五通换向阀组成的换向回路。活塞可在中途停止运动，它用电气控制线路来进行控制。

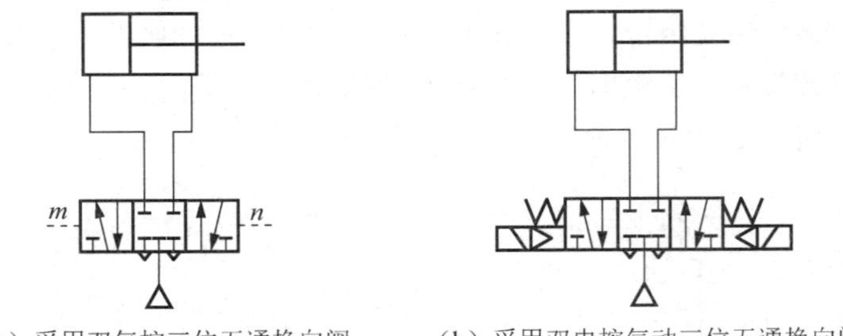

（a）采用双气控三位五通换向阀　（b）采用双电控气动三位五通换向阀

图 2-23　采用双气控和双电控气动三位五通换向阀的双作用换向回路

思考与练习

1．________可以构成单作用执行元件和双作用执行元件的各种换向控制回路。

2．单作用气缸靠气压使活塞杆________伸出，反向运动依靠________等其他外力返回。

3．请说出采用二位五通阀和三位五通阀的双作用气缸换向回路的区别。

知识拓展

将过滤器、减压阀和油雾器等组合在一起，称为空气处理组件。该组件可缩小外形尺寸、节省空间，便于维修和集中管理。

将过滤器和减压阀一体化，称为过滤减压阀。

将过滤器和减压阀连成一个组件，称为空气处理二联件。

将过滤器、减压阀和油雾器连成一个组件，称为空气处理三联件，也称气动三联件。图 2-24 所示为气动三联件的实物图和图形符号。

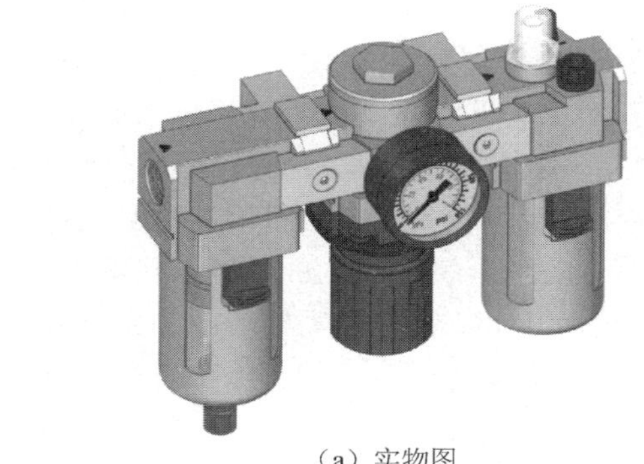

（a）实物图

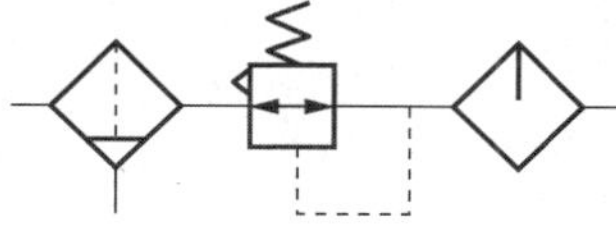

（b）图形符号

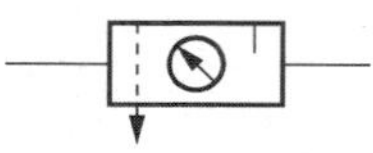

（c）简化图形符号

图 2-24　气动三联件实物图和图形符号

课题三

安装与调试压力控制回路

利用各种压力阀控制系统空气压力或系统某一部分空气压力的回路称为压力控制回路。在气动自动化系统中，一般是将空气压缩机提供的压缩空气储存在储气罐内，再通过管路输送到各个气动执行装置中使用，而储气罐内的空气压力要高于系统各部分压力，且存在压力波动。因此需要用减压阀将系统压力减小到适合各气动元件使用的压力，并使减压后的压力稳定在设定的压力上。有些气动回路需要依靠回路中的压力变化来控制两个执行元件的顺序动作，这就要用到顺序阀。为了安全，当气动系统或储气罐的压力超过允许压力值时，需要向外排除多余的压缩空气，这就要用到安全阀（溢流阀）。气动压力控制回路中常使用的压力控制阀有减压阀、顺序阀和安全阀。

知识目标

- 了解气动元件的结构特点、工作原理和应用。
- 掌握识读压力控制回路图的方法。
- 了解压力控制回路的工作原理。

能力目标

- 能看懂压力控制回路图。
- 能选用各类气动元件并安装压力控制回路。
- 能调试回路并解决出现的问题。
- 在任务过程中能按照5S要求进行现场管理。

模块一　安装与调试沙发疲劳测试机回路

任务引入

图 3-1 所示为某沙发生产企业用于测试沙发疲劳强度的装置，把样品沙发放到试验台上，通气后，气缸以 0.4MPa 的压力伸出对沙发座位部分进行压力冲击测试，如果再按下加压按钮，气缸会以 0.6MPa 的压力伸出对沙发座位部分进行压力冲击测试，以验证沙发座位对不同载荷的承受能力。

图 3-1　沙发疲劳测试机

任务布置

识读沙发疲劳测试机回路原理图，认识新气动元件，了解本次任务可能遇到的安全问题；选择合适的气动元件安装回路并调试，解决调试过程中出现的问题，最后对任务实施过程进行评定和检验，完成课后习题，并由个人、小组和教师分别对任务进行总结评价，填写任务评价表。

任务实施

一、识读沙发疲劳测试机回路图

如图 3-2 所示，沙发疲劳测试机回路的工作原理如下：气源 1 为系统提供压缩空气，压缩空气进入气动三联件 2，气动三联件对压缩空气进行净化、调压和润滑处理。压缩空气分成两路分别经过减压阀 3（调定压力值为 0.6MPa）和减压阀 4（调定压力值为 0.4MPa）到达二位三通按钮式换向阀 7 的两个进气口，未压下阀 7 的按钮时，阀 3 被截止，阀 4 起作用，压缩空气（压力为 0.4MPa）经过阀 7 和二位五通按钮式换向阀 8 进入双作用气缸 9 的有杆腔，气缸 9 活塞杆处于缩回状态，按下阀 8 的按钮，气缸 9 的活塞杆伸出对沙发座位做功（压力为 0.4MPa），松手后，阀 8 复位，气缸 9 活塞杆复位。压下阀 7 的按钮时，阀 4 被截止，阀 3 起作用，压缩空气（压力为 0.6MPa）经过阀 7 和阀 8 进入气缸 9 的有杆腔，气缸 9 活塞杆处于缩回状态，按下阀 8 的按钮，气缸 9 活塞杆伸出对沙发座位做功（压力为 0.6MPa），松手后，阀 8 复位，气缸 9 活塞杆复位。所以此回路可以实现系统两种不同压力值的切换。

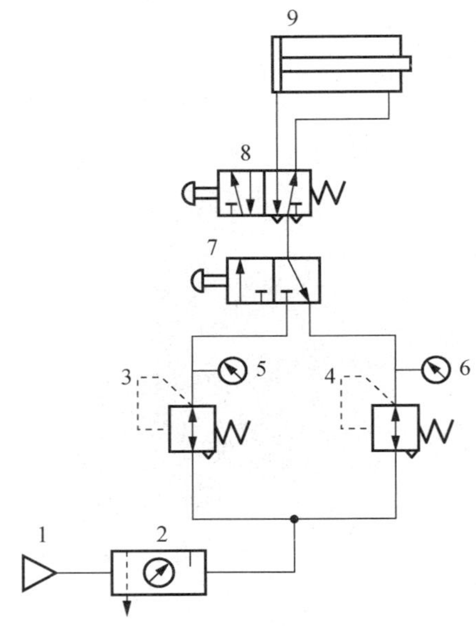

图 3-2 沙发疲劳测试机回路图

1—气源；2—气动三联件；3，4—减压阀；5，6—压力计；7—二位三通按钮式换向阀；8—二位五通按钮式换向阀；9—双作用气缸

二、安装沙发疲劳测试机回路

根据气动回路图从气动元件库中选取适合本次任务的气动元件，按照压缩空气的流向安装回路。

参考安装方法（参考图 3-2 所示）：首先用气管从气源 1 的出气口连接到气动三联件 2 进气口（P 口），用气管从气动三联件 2 的出口（A 口）通过三通接头分别连接到减压阀 3 的进气口（P 口）和减压阀 4 的进气口（P 口），再用气管从减压阀 3 的出气口通过三通接头分别连接压力计 5 和换向阀 7 的左侧进气口，同样用气管从减压阀 4 的

出气口通过三通接头分别连接压力计 6 和换向阀 7 的右侧进气口。用气管从换向阀 7 的出气口连接到换向阀 8 的进气口，最后用两根气管把换向阀 8 的出气口和气缸连接起来。

三、调试沙发疲劳测试机回路

调试沙发疲劳测试机回路的注意事项如下。

1）检查各个接口是否连接安全。

2）打开气源，调节气动三联件上减压阀的调节旋钮，使气压为 0.7MPa。

3）打开空气调压器上面连接的旋钮开关，让系统回路通气。

4）检查通气后所有气缸能否回到要求的初始位置。

5）观察是否有漏气现象，若漏气，则关闭气源，查找漏气原因并排除。

6）按照沙发疲劳测试机回路工作原理进行实验，调节气缸运动速度，使气缸运动平稳，无振动和冲击。

7）动作可靠，且伸缩速度基本保持一致。观察结果，判断是否达到预期效果。

四、故障设置及排除

1. 故障设置

由小组成员或教师设置 1～3 处气路故障，如不能起动、气缸伸出或缩回太快不能调节、气缸不能伸出或不能返回等。设置气路不通可采用用透明胶挡住气管、改变进出气口等方法。

常见故障原因如下（参考图 3-2 所示）。

1）气缸的初始状态不对，原因可能是：①换向阀 8 的进、出气口连接错误；②减压阀 3 或减压阀 4 设定的压力过小，压缩空气无法通过。

2）气缸不能按照设定的压力正常运行，原因有：①气源 1 不能正常提供压缩空气；②气动三联件 2 中减压阀调节压力过低；③减压阀 3、4 的设定压力不符合要求；④减压阀 3、4 的出气口与换向阀 7 的管路连接错误。

2. 观察故障现象并分析故障原因

根据故障现象和排除情况，完成表 3-1 的填写。

表 3-1　故障检测表

故障序号	故障现象	分析原因	查找步骤	故障点
1				
2				
3				

3. 排除故障

根据现象分析和查找故障点并逐一排查，恢复系统功能并调试好系统。

4. 注意事项

1）在设置故障和排除故障时，必须在关闭气源的状态下进行。
2）决不允许在通气状态下插拔气管。
3）在检查回路时，发生漏气现象要及时关闭气源。
4）在排查故障时，不能扩大故障点，不能损坏元件。
5）完成故障排除后，及时关闭气源，拆下管路和元件，放回原位。

任务评价

表 3-2 是任务评价表，任务实施后，完成任务评价表的填写。

表 3-2　任务评价表

班级		姓名		任务名称		
序号	步骤	要求		评分标准	配分	得分
1	识读气动回路图	能否正确绘制回路图		每错一处扣 2 分	22 分	
		能否识别气动元件				
		能否读懂回路图				
2	安装	能否正确选择元件		每项 6 分，根据情况酌情扣分	30 分	
		元件布局是否合理				
		能否正确连接元件				
		接头连接是否可靠				
		整体安装是否美观、合理				
3	调试	通气前各阀是否处于正确位置		每项 7 分，根据情况酌情扣分	28 分	
		调试方法是否正确				
		调试过程是否正确				
		停气后各元件是否处于正确位置				
4	安全文明 5S 考核	安全操作		每项 10 分	20 分	
		操作过程中工位是否符合 5S 要求				
总分					100 分	

相关知识

压力控制阀是调节和控制压力大小的控制阀。按其控制功能，可分为减压阀、安全阀和顺序阀。

一、减压阀

减压阀又称调压阀，它可以将较高的空气压力降低且调节到符合使用要求的压力，并保持调后的压力稳定。

减压阀按压力调节方式，可分成直动式和先导式。直动式采用借助弹簧力直接操纵调压方式，而先导式是用预先调整好压力的空气来代替直动式调压弹簧进行调压的。

图 3-3 所示为一种常用的直动式减压阀的实物图和结构图。此阀可利用手柄直接调节调压弹簧来改变阀的输出压力。

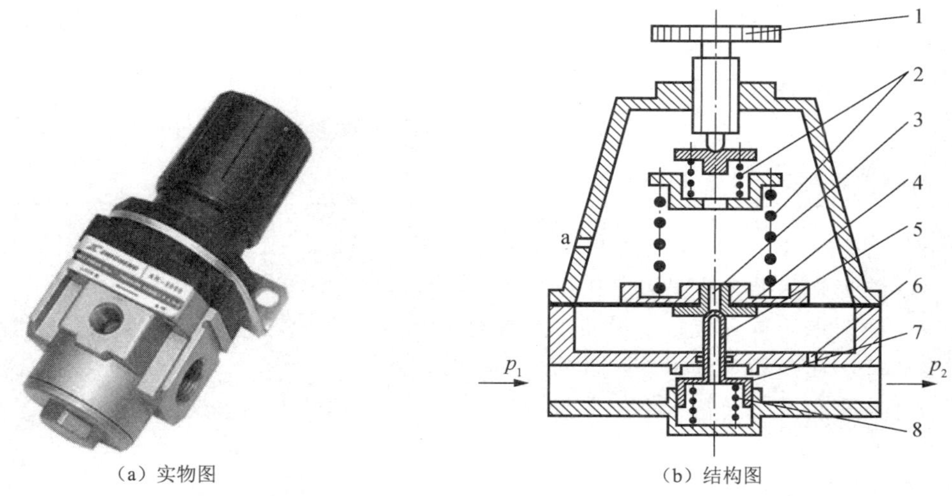

（a）实物图　　（b）结构图

图 3-3　直动式减压阀的实物图和结构图

1—手柄；2—调压弹簧；3—溢流口；4—膜片；5—阀芯；6—反馈导管；7—阀口；8—复位弹簧

顺时针旋转手柄 1，则压缩调压弹簧 2，推动膜片 4 下移，膜片又推动阀芯 5 下移，阀口 7 被打开，气流通过阀口后压力降低；与此同时，部分输出气流经反馈导管 6 进入膜片气室，在膜片上产生一个向上的推力，当此推力与弹簧力相平衡时，输出压力便稳定在一定的值。

若输入压力 p_1 发生波动，如瞬时升高，则输出压力 p_2 也随之升高，作用在膜片上的推力增大，膜片上移，向上压缩弹簧，从溢流口 3 有瞬时溢流，并靠复位弹簧 8 及空气压力的作用，使阀杆上移，阀门开度减小，节流作用增大，使输出压力 p_2 回降，直到新的平衡为止。重新平衡后的输出压力又基本上恢复至原值。反之，若输入压力瞬时下降，则输出压力也相应下降，膜片下移，阀门开度增大，节流作用减小，输出压力又基本上回升至原值。

逆时针旋转手柄时，压缩弹簧力不断减小，膜片气室中的压缩空气经溢流口不断从排气孔 a 排出，进气阀芯逐渐关闭，直至最后输出压力降为零。

先导式调压阀的调节原理和主阀部分的结构与直动式减压阀相同。先导式减压阀的调压空气一般是由小型的直动式减压阀供给的。若将这种直动式减压阀装在主阀内部，则称为内部先导式减压阀；若将它装在主阀外部，则称为外部先导式或远程控制减压阀。图 3-4 所示为直动式减压阀和先导式减压阀的图形符号。

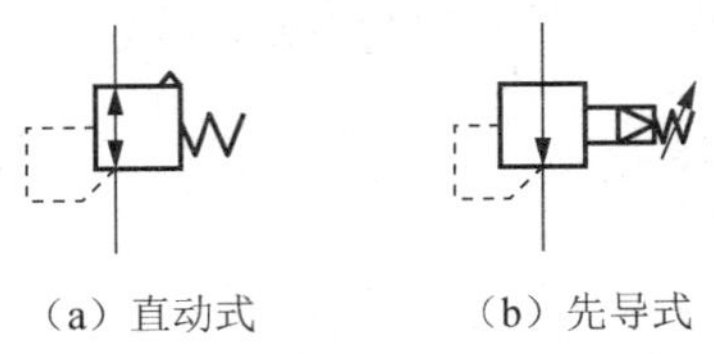

（a）直动式　　（b）先导式

图 3-4　减压阀图形符号

图形符号识别技巧

- 图形符号中矩形代表了减压阀的阀体。
- 矩形上下的竖线代表了进出气管路接口，虚线为控制线。
- 矩形中的箭头代表了阀芯，减压阀的阀芯与进出气线重合。
- 弯折线代表了弹簧，矩形外的三角形代表排气口。
- 先导式减压阀符号中矩形右侧的小矩形和内部的三角形代表先导式。

二、安全阀和溢流阀

安全阀是为了防止元件和管路被破坏，而用于限制系统回路中最高压力的阀，当超过最高压力时就自动放气。溢流阀是当回路中的压力超过阀的设定值时，使部分气体从排气一侧放出，以维持回路内的压力在设定值的阀。安全阀和溢流阀的作用不同，但结构原理基本相同。

图 3-5 所示是溢流阀的结构图和图形符号。图 3-5（a）所示为阀在初始工作位置，预先调整手柄，使调压弹簧压缩，阀门关闭；图 3-5（b）所示为当气压达到给定值时，气体压力将克服预紧弹簧力，活塞上移，开启阀门排气；当系统内压力降至给定压力以下时，阀重新关闭。调节弹簧的预紧力，即可改变阀的开启压力。

安全阀（溢流阀）的直动式和先导式的含义同减压阀。直动式安全阀一般通径较小，先导式安全阀一般用于通径较大或需要远距离控制的场合。

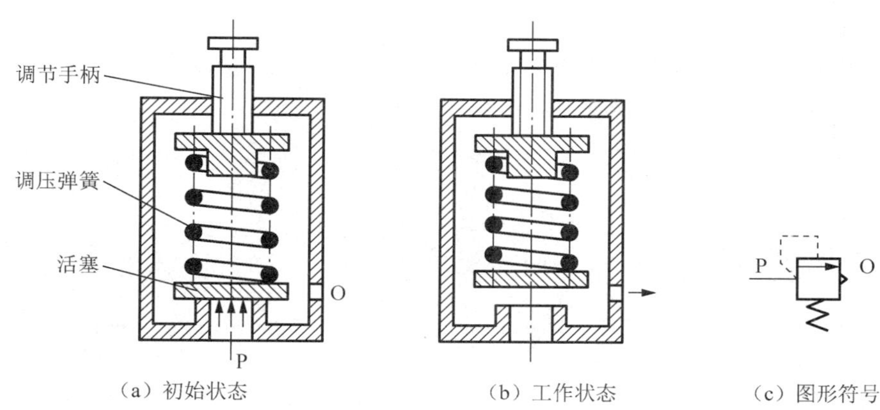

图 3-5　溢流阀的结构图和图形符号

图形符号识别技巧

- 图形符号中矩形代表了溢流阀的阀体。
- 矩形左侧的横线代表了进气管路接口，虚线为控制线。
- 矩形中的箭头代表了阀芯，溢流阀的阀芯与进出气线不重合。
- 弯折线代表了弹簧，三角形代表排气口。

思考与练习

1. 压力控制阀按其控制功能可以分为________、________、________。
2. 减压阀的作用是________，减压阀一般分为________减压阀和________减压阀。
3. 气动系统的压力是由________决定的。
4. 安全阀在系统正常工作时处于 _______的状态。

知识拓展

一、减压阀的溢流结构

减压阀的溢流结构有溢流式、恒量排气式和非溢流式三种，如图 3-6 所示。

图 3-6（a）所示为溢流式结构，它有稳定输出压力的作用，当阀的输出压力超过调定值时，气体能从溢流口排出，维持输出压力不变。但由于经常要从溢流孔排出少量气体，在介质为有害气体的气路中，为防止工作场所的空气受污染，应选用非溢流式结构。

图 3-6（b）所示为恒量排气式结构，此阀在工作时，始终有微量气体从溢流阀座上的小孔排出，它能提高减压阀在小流量空气输出时的稳压性能。

如图 3-6（c）所示为非溢流式结构，它与溢流式的区别是溢流阀座上没有溢流孔。使用非溢流式减压阀时，要安装一个旁路阀，当需要降低输出压力时，打开旁路阀排出部分气体，直至达到新的调定状态。

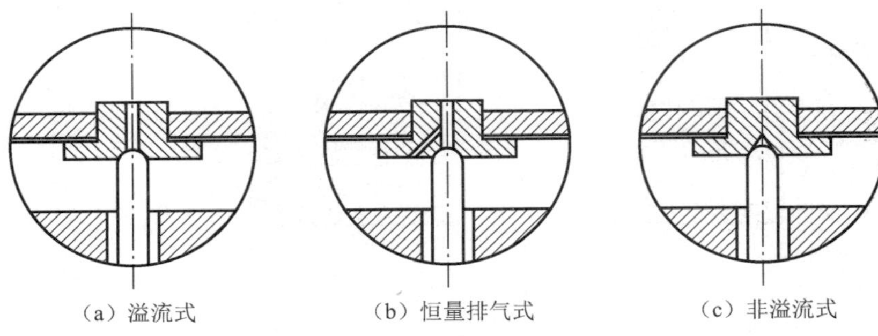

（a）溢流式　（b）恒量排气式　（c）非溢流式

图 3-6　减压阀的溢流结构

二、减压阀的使用

减压阀在使用过程中应注意以下事项。

1）减压阀的进口压力应比最高出口压力大 0.1MPa 以上。

2）安装减压阀时，最好手柄在上，以便于操作。阀体上的箭头方向为气体的流动方向，安装时不要装反。阀体上堵头可拧下来，装上压力表。

3）连接管道安装前，要用压缩空气吹净或用酸蚀法将锈屑等清洗干净。

4）在减压阀前安装分水滤气器，阀后安装油雾器，以防减压阀中的橡胶件过早变质。

5）减压阀不用时，应旋松手柄回零，以免膜片经常受压产生塑性变形。

模块二　安装与调试物料压实机回路

任务引入

图 3-7 所示为某企业加工车间的物料压实机装置，用这个装置可将工件挤压成形。把物料放到指定位置后按一下按钮开关，气缸 1A1 活塞杆对工件进行挤压成形，当气缸无杆腔的压力达到 0.5MPa 时，表明物料已经被压实，气缸活塞杆自动返回初始位置。

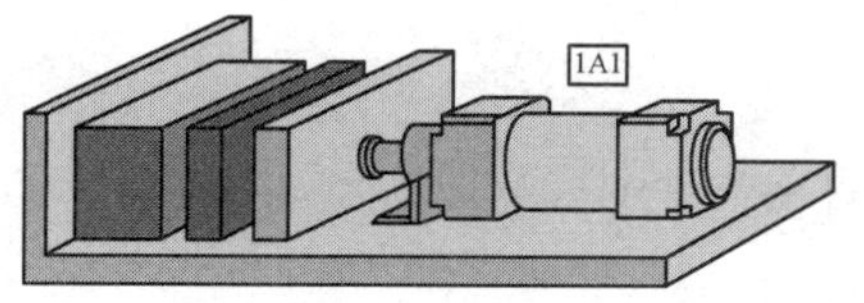

图 3-7　物料压实机装置

任务布置

识读物料压实机回路原理图，认识新气动元件，了解本次任务可能遇到的安全问题；选择合适的气动元件安装回路并调试，解决调试过程中出现的问题，最后对任务实施过程进行评定和检验，完成课后习题，并由个人、小组和教师分别对任务进行总结评价，填写任务评价表。

任务实施

一、识读物料压实机回路图

如图 3-8 所示，物料压实机回路的工作原理如下：气源 1 为系统提供压缩空气，压缩空气进入气动三联件 2，气动三联件对压缩空气进行净化、调压和润滑处理。压缩空气分成四路分别到达二位三通按钮式换向阀 3 的进气口、二位五通双气控换向阀 4 的进气口、顺序阀 7 的进气口和二位三通单气控换向阀 8 的进气口。按下阀 3 的按钮，阀 4 左位工作，压缩空气进入双作用气缸 6 的无杆腔，推动气缸活塞杆伸出，当活塞杆头部碰到物料后，负载变大，无杆腔内空气压力开始变大，对物料进行挤压成形，当压力达到阀 7 设定的 0.5MPa 时，表明物料已经被压实，顺序阀被接通，阀 8 进、出气口相通，压缩空气进入阀 4 的右侧控制口，阀 4 右位工作，气缸 6 的活塞杆返回初始位置，为下次动作做好准备。

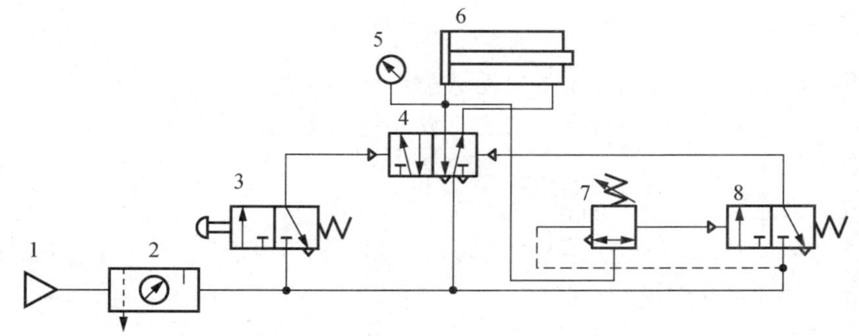

图 3-8　物料压实机回路图

1—气源；2—气动三联件；3—二位三通按钮式换向阀；4—二位五通双气控换向阀；5—压力计；6—双作用气缸；7—顺序阀；8—二位三通单气控换向阀

二、安装物料压实机回路

根据气动回路图从气动元件库中选取适合本次任务的气动元件，按照压缩空气的流向安装回路。

参考安装方法（参考图 3-8 所示）：首先用气管从气源 1 的出气口连接到气动三联件 2 进气口（P 口），气动三联件的出口通过五通接头分别连接到二位三通按钮式换向阀 3 的进气口、二位五通双气控换向阀 4 的进气口、顺序阀 7 的进气口和二位三通单气控换向阀 8 的进气口，换向阀 3 的出气口连接到换向阀 4 的左侧控制口，换向阀 4 的左侧出气口通过四通接头分别连接压力计 5、双作用气缸 6 的无杆腔和顺序阀 7 的控制口，换向阀 4 的右侧出气口连接到气缸 6 的有杆腔，顺序阀 7 的出气口连接到换向阀 8 的控制口，最后连接换向阀 8 的出气口到换向阀 4 的右侧控制口。

三、调试物料压实机回路

调试物料压实机回路的注意事项如下。

1）检查各个接口是否连接安全。

2）打开气源，调节调压阀的调节旋钮，使气压为 0.6MPa。

3）打开空气调压器上面连接的旋钮开关，让系统回路通气。

4）检查通气后所有气缸能否回到要求的初始位置。

5）观察是否有漏气现象，若漏气，则关闭气源，查找漏气原因并排除。

6）按照物料压实机回路工作原理进行实验，调节气缸运动速度，使气缸运动平稳，无振动和冲击。

7）动作可靠，且伸缩速度基本保持一致。观察结果，判断是否达到预期效果。

四、故障设置及排除

1. 故障设置

由小组成员或教师设置 1～3 处气路故障，如不能起动、气缸伸出或缩回太快不能调节、气缸不能伸出或不能返回等。设置气路不通可采用用透明胶挡住气管、改变进出气口等方法。

常见故障原因如下（参考图 3-8 所示）。

1）气缸的初始状态不对，原因可能是：①换向阀 3 的进、出气口连接错误；②换向阀 4 的进、出气口连接错误。

2）气缸不能正常运行，原因有：①气源 1 不能正常提供压缩空气；②气动三联件 2 中减压阀调节压力过低；③换向阀 3 或换向阀 4 的进、出气口连接错误；④顺序阀 7 的设定压力不正确；⑤换向阀 4 的进、出气口连接错误。

2. 观察故障现象并分析故障原因

根据故障现象和排除情况，完成表 3-3 的填写。

表 3-3　故障检测表

故障序号	故障现象	分析原因	查找步骤	故障点
1				
2				
3				

3. 排除故障

根据现象分析和查找故障点并逐一排查，恢复系统功能并调试好系统。

4. 注意事项

1）在设置故障和排除故障时，必须在关闭气源的状态下进行。
2）决不允许在通气状态下插拔气管。
3）在检查回路时，发生漏气现象要及时关闭气源。
4）在排查故障时，不能扩大故障点，不能损坏元件。
5）完成故障排除后，及时关闭气源，拆下管路和元件，放回原位。

任务评价

表 3-4 是任务评价表，任务实施后，完成任务评价表的填写。

表 3-4　任务评价表

班级		姓名	任务名称		
序号	步骤	要求	评分标准	配分	得分
1	识读气动回路图	能否正确绘制回路图	每错一处扣 2 分	22 分	
		能否识别气动元件			
		能否读懂回路图			
2	安装	能否正确选择元件	每项 6 分，根据情况酌情扣分	30 分	
		元件布局是否合理			
		能否正确连接元件			
		接头连接是否可靠			
		整体安装是否美观、合理			

续表

班级		姓名		任务名称		
序号	步骤	要求		评分标准	配分	得分
3	调试	通气前各阀是否处于正确位置		每项7分，根据情况酌情扣分	28分	
		调试方法是否正确				
		调试过程是否正确				
		停气后各元件是否处于正确位置				
4	安全文明5S考核	安全操作		每项10分	20分	
		操作过程中工位是否符合5S要求				
总分					100分	

相关知识

顺序阀是依靠气动回路中压力的变化来控制各执行元件顺序动作的一种压力控制阀。顺序阀是当进口压力或先导压力达到设定值时，便允许压缩空气从进口侧向出口侧流动的阀。利用顺序阀，可根据气压的大小来控制气动回路中各执行元件动作的先后顺序。

如图3-9（a）所示，压缩空气从P口进入阀后，作用在阀芯下面的环形活塞面上，当此作用力低于调压弹簧的作用力时，阀关闭。如图3-9（b）所示，当空气压力超过调定的压力值时将阀芯顶起，气压立即作用于阀芯的整个截面上，使阀达到全开状态，压缩空气便从A口输出。当P口的压力低于调定压力时，阀再次关闭。图3-9（c）所示为顺序阀的图形符号。

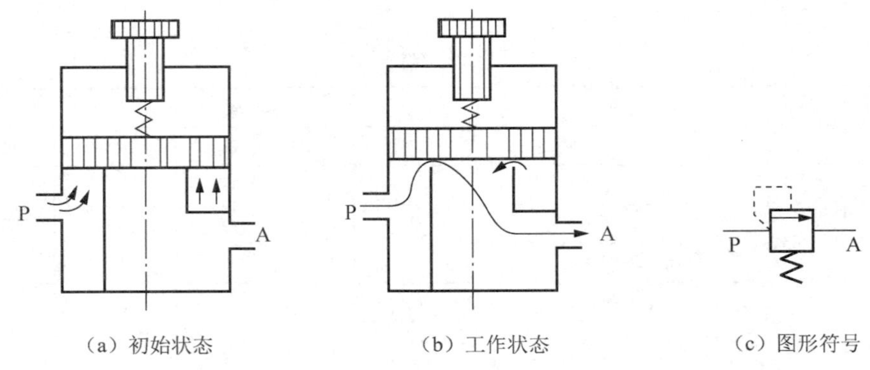

（a）初始状态　（b）工作状态　（c）图形符号

图3-9　顺序阀的原理图和图形符号

若将顺序阀与单向阀并联组装成一体，则称为单向顺序阀。图3-10所示为单向顺序阀。如图3-10（a）所示，气体正向流动时，进气口（P口）的气压力作用在活塞上，

当它超过压缩弹簧的预紧力时，活塞被顶开，出口（A 口）就有输出；单向阀在压差力和弹簧力作用下处于关闭状态。如图 3-10（b）所示，气体反向流动时，进气口变成排气口，出气口空气压力将顶开单向阀，使 A 口和排气口接通。调节手柄可改变顺序阀的开启压力。图 3-10（c）所示为单向顺序阀的图形符号。

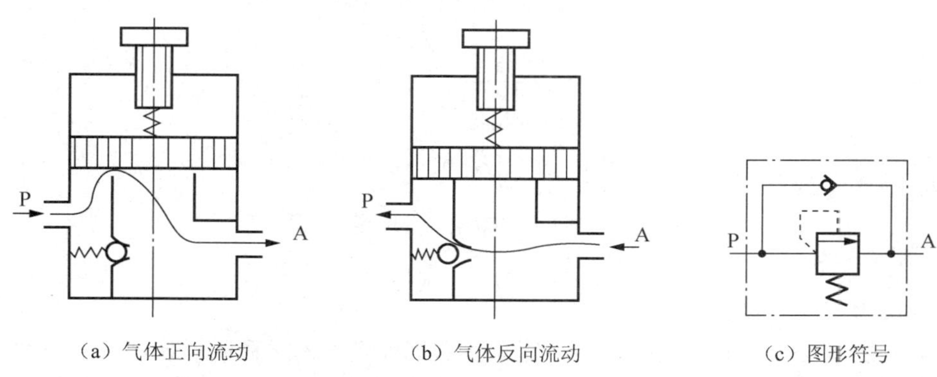

图 3-10　单向顺序阀的原理图和图形符号

图形符号识别技巧

- 图形符号中矩形代表顺序阀的阀体。
- 矩形左右的横线代表进气和出气管路接口，虚线为控制线，弯折线代表弹簧。
- 矩形中的箭头代表阀芯，顺序阀的阀芯与进、出气线不重合。
- 单向顺序阀符号中上部分代表单向阀，气体只能从右向左流动。

思考与练习

1. 简述气动压力控制阀的分类和功能。
2. 气动减压阀、溢流阀和顺序阀有何共同点和不同点？

知识拓展

一、双压驱动回路

在气动系统中，有时需要提供两种不同的压力来驱动双作用气缸在不同方向上的运动。图 3-11 所示为采用带单向减压阀的双压驱动回路。当电磁阀 1 通电时，系统采用正常压力驱动活塞杆伸出，对外做功；当电磁阀 1 断电时，气体经过单向减压阀 2 后，进入气缸有杆腔，以较低的压力驱动气缸缩回，达到节省耗气量的目的。

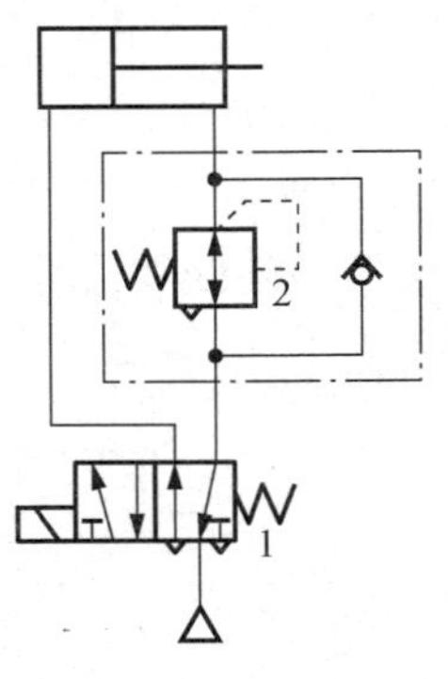

图 3-11　双压驱动回路

1—电磁阀；2—单向减压阀

二、多级压力控制回路

在一些场合，如在平衡系统中，需要根据工件重量的不同提供多种平衡压力。这时就需要用到多级压力控制回路。图 3-12 所示为一种采用远程调压阀的多级调压控制回路。该回路中的远程调压阀 1 的先导压力通过三个二位三通电磁换向阀 2、3、4 的切换来控制，可根据需要设定低、中、高三种先导压力。在进行压力切换时，必须用电磁阀 5 先将先导压力泄压，再选择新的先导压力。

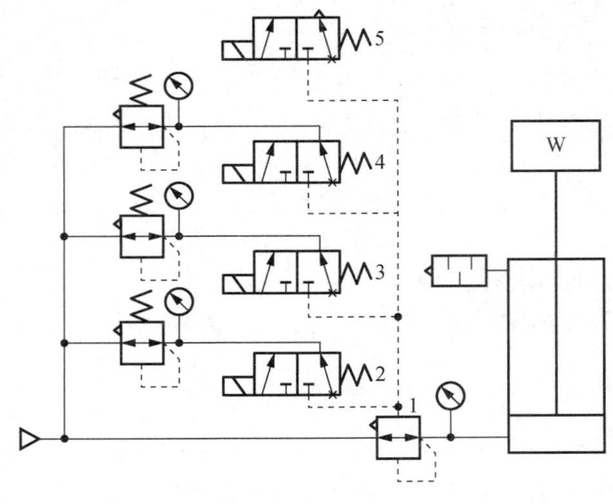

图 3-12　采用远程调压阀的多级调压回路

1—远程调压阀；2，3，4—二位三通电磁换向阀；5—电磁阀

三、增压回路

当压缩空气的压力较低或气缸设置在狭窄的空间里不能使用较大面积的气缸，而又要求很大的输出力时，可采用增压回路。增压一般使用增压器，增压器可分为气体

增压器和气液增压器。气液增压器的高压侧用液压油，以实现从低压空气到高压油的转换。

1. 采用气体增压器的增压回路

气体增压器是以输入气体的压力为驱动源，根据输出压力侧受压面积小于输入压力侧受压面积的原理，得到输出压力大于输入压力的增压装置。它可以通过内置换向阀实现连续供给。

图 3-13 所示为采用气体增压器的增压回路。二位五通电磁阀通电，气控信号使二位三通阀换向，经增压器增压后的压缩空气进入气缸无杆腔；二位五通电磁阀断电，气缸在较低的供气压力作用下缩回，可以达到节能的目的。

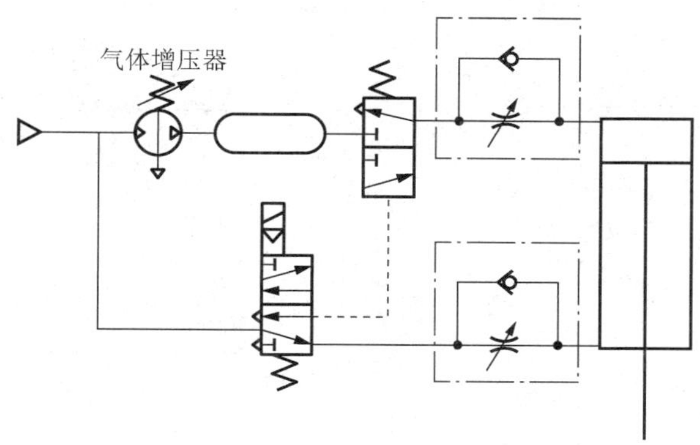

图 3-13　采用气体增压器的增压回路

2. 采用气液增压器的夹紧回路

图 3-14 所示为采用气液增压器的夹紧回路。电磁阀左侧通电，对增压器低压侧施加压力，增压器动作，其高压侧产生高压油并供应给工作缸，推动工作缸活塞动作并夹紧工件。电磁阀右侧通电，可实现工作缸及增压器回程。

使用该增压回路时，油、气关联处要密封好，油路中不得混入空气。

3. 采用气液转换的冲压回路

冲压回路主要用于薄板冲床、压配压力机等设备中。由于在实际冲压过程中，往往仅在最后一段行程里做功，其他行程不做功，因而宜采用低压、高压二级回路，无负载时低压，做功时高压。

图 3-15 所示为冲压回路，电磁换向阀通电后，压缩空气进入气液转换器，使工作缸动作。当活塞前进到某一位置，触动三通高低压转换阀时，该阀动作，压缩空气进入气液增压器，使增压器动作。由于增压器活塞动作，气液转换器到气液增压器的低压液压回路被切断（由内部结构实现），高压油作用于工作缸进行冲压做功。当电磁阀复位时，气压作用于气液增压器及工作缸的回程侧，使之分别回程。

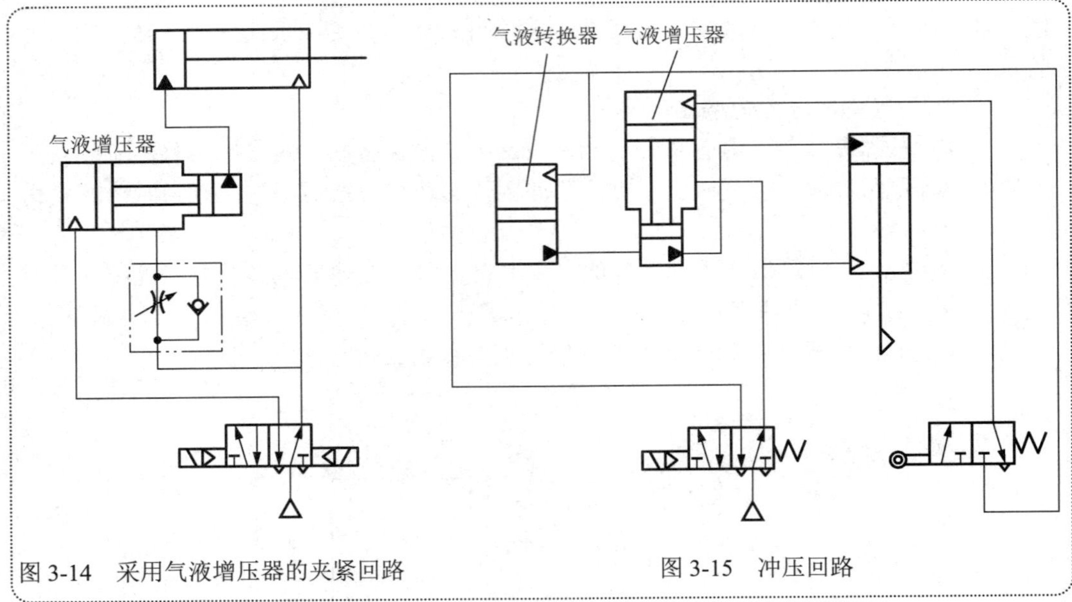

图 3-14　采用气液增压器的夹紧回路

图 3-15　冲压回路

课题四

安装与调试速度控制回路

在气动自动化系统中，通常需要对压缩空气的流量进行控制，如控制气缸的运动速度、延时换向阀的延时时间等。从流体力学的角度看，流量控制是在管路中制造一种局部阻力装置，通过改变这种阻力的大小，就能实现对流量大小的控制。流量控制阀就是通过改变阀的通流面积来调节压缩空气的流量，进而控制气缸的运动速度和延时换向阀的延时时间的。流量控制阀包括节流阀、单向节流阀、排气节流阀等。

知识目标

- 了解气动元件的结构特点、工作原理和应用。
- 掌握识读速度控制回路图的方法。
- 了解速度控制回路的工作原理。

能力目标

- 能看懂速度控制回路图。
- 能选用各类气动元件并安装速度控制回路。
- 能调试回路并解决出现的问题。
- 在任务过程中能按照 5S 要求进行现场管理。

模块一　安装与调试金属工件分拣回路

任务引入

图 4-1 所示为某企业加工车间的金属工件分拣装置，金属工件和非金属工件沿竖直传送带运动，当金属工件运动到气缸 1A 前时，按下按钮，气缸以 0.4m/s 的速度伸出把金属工件推到水平传送带上，松开按钮，气缸快速返回末端。

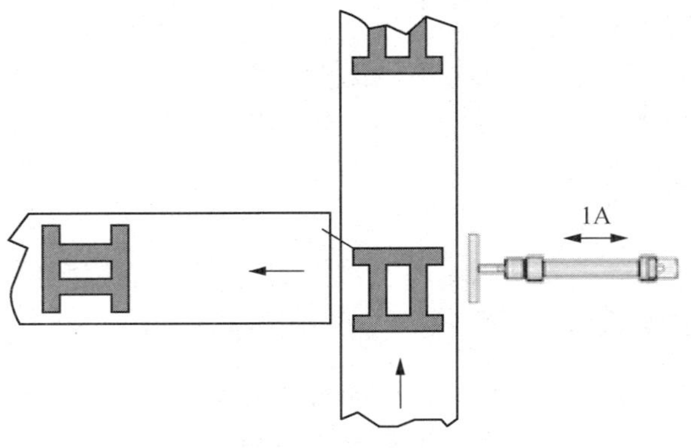

图 4-1　金属工件分拣装置

任务布置

识读金属工件分拣回路原理图，认识新气动元件，了解本次任务可能遇到的安全问题；选择合适的气动元件安装回路并调试，解决调试过程中出现的问题，最后对任务实施过程进行评定和检验，完成课后习题，并由个人、小组和教师分别对任务进行总结评价，填写任务评价表。

任务实施

一、识读金属工件分拣回路图

如图 4-2 所示，金属工件分拣回路的工作原理如下：气源 1 为系统提供压缩空气，压缩空气进入气动三联件 2，气动三联件对压缩空气进行净化、调压和润滑处理。压缩空气从气动三联件出口流入二位三通按钮式换向阀 3 的进气口，按下换向阀 3，压缩空

气经换向阀 3 的进、出气口流入单向节流阀 4，单向节流阀的单向阀部分无法通过压缩空气，节流阀部分起到节流调速的作用，从而控制单作用气缸活塞杆的伸出速度。松开换向阀 3，换向阀 3 处于右位状态，单作用气缸 5 无杆腔内的压缩空气在弹簧力的作用下直接通过单向节流阀 4 的单向阀部分从换向阀 3 的排气口排出，此时阀 4 的节流阀部分不起节流调速的作用，所以气缸 5 活塞杆返回速度较快。

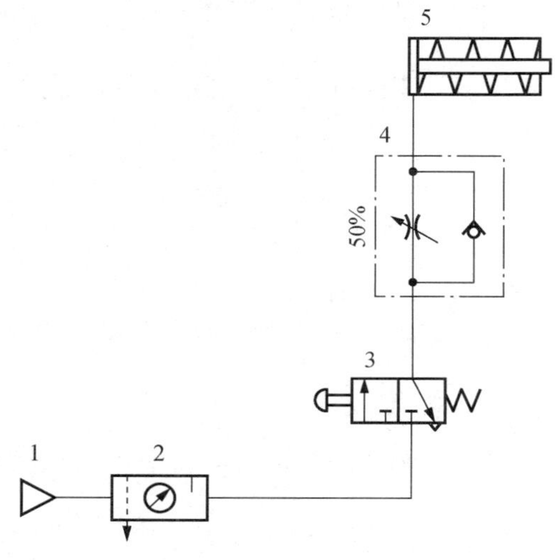

图 4-2　自动推送回路图

1—气源；2—气动三联件；3—二位三通按钮式换向阀；4—单向节流阀；5—单作用气缸

二、安装金属工件分拣回路

根据气动回路图从气动元件库中选取适合本次任务的气动元件，按照压缩空气的流向安装回路。

参考安装方法（参考图 4-2 所示）：首先用气管从气源 1 的出气口连接到气动三联件 2 进气口（P 口），再用气管从气动三联件 2 的出口（A 口）连接到二位三通按钮式换向阀 3 的进气口（P 口），再从二位三通按钮式换向阀的出口（A 口）连接到单向节流阀 4 的进气口。最后从单向节流阀 4 的出气口连接到单作用气缸的进、出气口。

注意

单向节流阀的进、出气口可通过元件铭牌上的图形符号判断。

三、调试金属工件分拣回路

调试金属工件分拣回路的注意事项如下。

1）检查各个接口是否连接安全。

2）打开气源，调节调压阀的调节旋钮，使气压为0.3～0.4MPa。

3）打开空气调压器上面连接的旋钮开关，让系统回路通气。

4）检查通气后所有气缸能否回到要求的初始位置。

5）观察是否有漏气现象，若漏气，则关闭气源，查找漏气原因并排除。

6）按照金属工件分拣回路工作原理进行实验，调节气缸运动速度，使气缸运动平稳，无振动和冲击。

7）动作可靠，且伸缩速度基本保持一致。观察结果，看是否达到预期效果。

四、故障设置及排除

1. 故障设置

由小组成员或教师设置1～3处气路故障，如不能起动、气缸伸出或缩回太快不能调节、气缸不能伸出或不能返回等。设置气路不通可采用用透明胶挡住气管、改变进出气口等方法。

常见故障原因如下（参考图4-2所示）。

1）气缸的初始状态不对，原因可能是：①换向阀3进、出气口气管接错；②换向阀3按钮被人为压下。

2）气缸不能正常运行，原因有：①气源1不能正常提供压缩空气；②气动三联件2中减压阀调节压力过低；③换向阀3的进、出气口连接错误；④单向节流阀4的进、出气口连接错误。

2. 观察故障现象并分析故障原因

根据故障现象和排除情况，完成表4-1的填写。

表4-1　故障检测表

故障序号	故障现象	分析原因	查找步骤	故障点
1				
2				
3				

3. 排除故障

根据现象分析和查找故障点并逐一排查，恢复系统功能并调试好系统。

4. 注意事项

1）在设置故障和排除故障时，必须在关闭气源的状态下进行。

2）决不允许在通气状态下插拔气管。

3）在检查回路时，发生漏气现象要及时关闭气源。

4）在排查故障时，不能扩大故障点，不能损坏元件。

5）完成故障排除后，及时关闭气源，拆下管路和元件，放回原位。

任务评价

表 4-2 是任务评价表，任务实施后，完成任务评价表的填写。

表 4-2　任务评价表

<table>
<tr><td>班级</td><td></td><td>姓名</td><td></td><td>任务名称</td><td colspan="2"></td></tr>
<tr><td>序号</td><td>步骤</td><td colspan="2">要求</td><td>评分标准</td><td>配分</td><td>得分</td></tr>
<tr><td rowspan="3">1</td><td rowspan="3">识读气动回路图</td><td colspan="2">能否正确绘制回路图</td><td rowspan="3">每错一处扣 2 分</td><td rowspan="3">22 分</td><td rowspan="3"></td></tr>
<tr><td colspan="2">能否识别气动元件</td></tr>
<tr><td colspan="2">能否读懂回路图</td></tr>
<tr><td rowspan="5">2</td><td rowspan="5">安装</td><td colspan="2">能否正确选择元件</td><td rowspan="5">每项 6 分，根据情况酌情扣分</td><td rowspan="5">30 分</td><td rowspan="5"></td></tr>
<tr><td colspan="2">元件布局是否合理</td></tr>
<tr><td colspan="2">能否正确连接元件</td></tr>
<tr><td colspan="2">接头连接是否可靠</td></tr>
<tr><td colspan="2">整体安装是否美观、合理</td></tr>
<tr><td rowspan="4">3</td><td rowspan="4">调试</td><td colspan="2">通气前各阀是否处于正确位置</td><td rowspan="4">每项 7 分，根据情况酌情扣分</td><td rowspan="4">28 分</td><td rowspan="4"></td></tr>
<tr><td colspan="2">调试方法是否正确</td></tr>
<tr><td colspan="2">调试过程是否正确</td></tr>
<tr><td colspan="2">停气后各元件是否处于正确位置</td></tr>
<tr><td rowspan="2">4</td><td rowspan="2">安全文明 5S 考核</td><td colspan="2">安全操作</td><td rowspan="2">每项 10 分</td><td rowspan="2">20 分</td><td rowspan="2"></td></tr>
<tr><td colspan="2">操作过程中工位是否符合 5S 要求</td></tr>
<tr><td colspan="5">总分</td><td>100 分</td><td></td></tr>
</table>

相关知识

流量控制阀是通过改变阀的通流截面积来实现流量控制的元件。在气动系统中，控制气缸运动速度、信号延迟时间、油雾器的滴油量、缓冲气缸的缓冲能力等都是依靠控制流量来实现的。流量控制阀包括节流阀、单向节流阀、排气节流阀、柔性节流阀等。

一、节流阀

节流阀是依靠改变阀的通流面积来调节流量的。节流阀能满足以下要求：流量的调节范围要大，能进行微小流量的调节，调节的精度要高，性能要稳定，通过的流量与阀芯开度成正比。

节流阀节流口的形状对调节特性的影响较大。常用节流阀的节流口形式如图 4-3 所示。对于节流阀调节特性的要求：流量调节范围要大，阀芯的位移量与通过的流量呈线性关系。

图 4-3（a）所示是针阀式节流口，当阀口开度较小时，调节比较灵敏，当超过一定开度时，调节流量的灵敏度就差了；图 4-3（b）所示是三角槽形节流口，通流面积与阀芯位移量呈线性关系；如图 4-3（c）所示的是圆柱斜切式节流口，通流面积与阀芯位移量呈指数（指数大于 1）关系，能进行小流量精密调节。

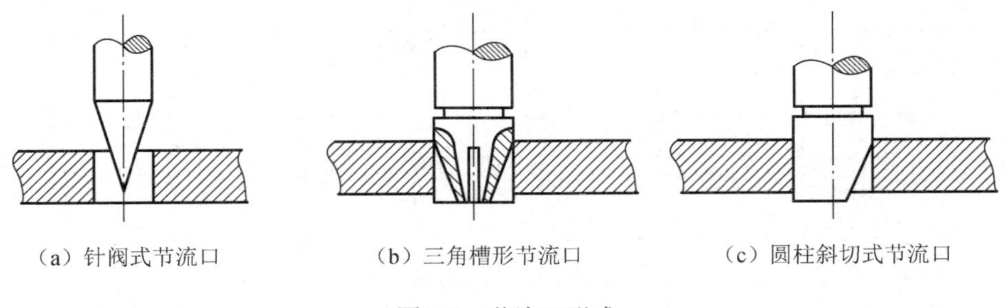

（a）针阀式节流口　（b）三角槽形节流口　（c）圆柱斜切式节流口

图 4-3　节流口形式

图 4-4 所示是针阀式节流阀的结构图和图形符号。其工作原理如下：当压缩空气从 P 口进入时，气流通过节流通道自 A 口排出。旋转阀芯螺杆，就可改变节流口的开度，从而改变阀的通流面积。

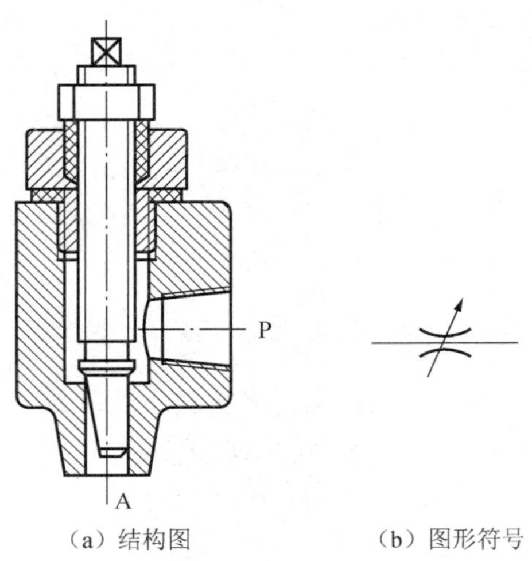

（a）结构图　（b）图形符号

图 4-4　针阀式节流阀的结构图和图形符号

图形符号识别技巧

- 节流阀图形符号中两个圆弧表示流量阀阀口的开度。
- 图形符号中带箭头的斜线代表阀口开度的调节装置，说明是可调节流阀。
- 图形符号中间长横线表示进排气的管路接口。

二、单向节流阀

单向节流阀是由单向阀和节流阀并联而成的组合式流量控制阀。该阀常用于控制气缸的运动速度，故也称速度控制阀。

图 4-5 所示是单向节流阀的实物图、结构原理图和图形符号。当节流正向流动时（P→A），单向阀关闭，流量由节流阀控制；反向流动时（A→O），在气压作用下单向阀被打开，无节流作用。

若用单向节流阀控制气缸的运动速度，安装时该阀应尽量靠近气缸。在回路中安装单向节流阀时不要将方向装反。为了提高气缸运动的稳定性，应该按出口节流方式安装单向节流阀。

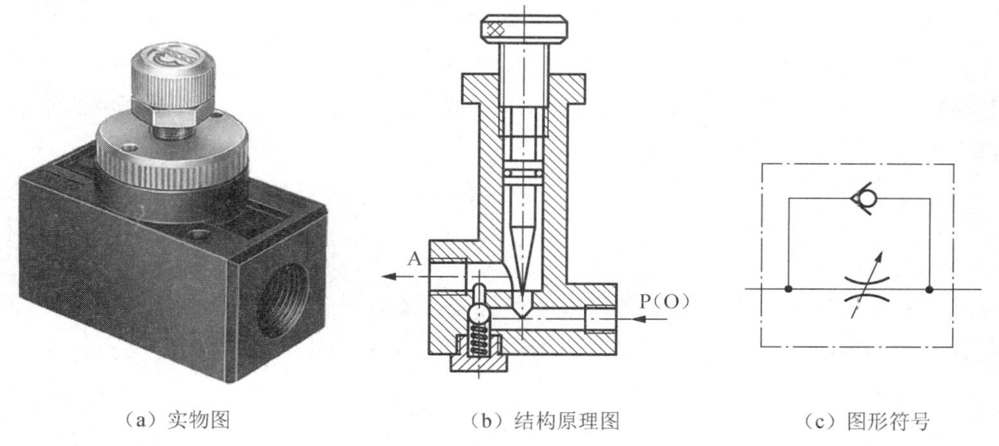

（a）实物图　（b）结构原理图　（c）图形符号

图 4-5　单向节流阀的实物图、结构原理图及图形符号

图形符号识别技巧

- 图形符号由两部分并联而成，上部分表示单向阀，气体可以从左向右流动，下部分表示节流阀。
- 左右两侧短线表示进出气口。

三、排气节流阀

图 4-6 所示是排气节流阀的结构原理图和图形符号。排气节流阀安装在气动装置的

排气口上，控制排入大气的气体流量，以改变执行机构的运动速度。排气节流阀常带有消声器以减小排气噪声，并能防止不清洁的气体通过排气孔污染气路的元件。

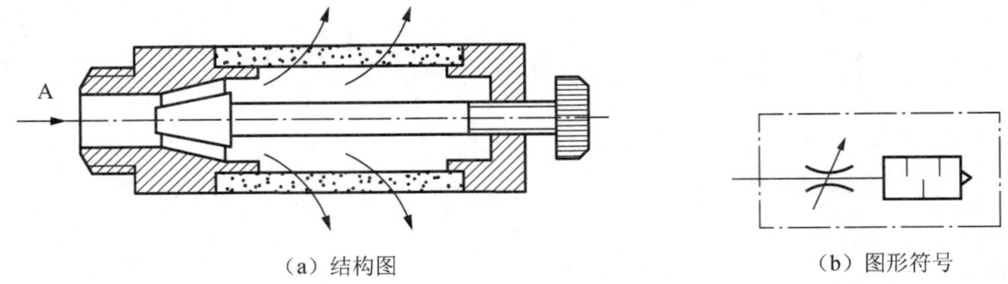

（a）结构图　　（b）图形符号

图 4-6　排气节流阀的结构原理图和图形符号

图形符号识别技巧

- 排气节流阀图形符号由两部分组成，由左向右分别代表节流阀、消声器。
- 消声器部分中由有三条短竖线的矩形代表消声功能，右面的三角代表了排气口。

排气节流阀宜用于换向阀与气缸之间且不能安装速度控制阀的场合。应注意，排气节流阀对换向阀会产生一定的背压，对于某些结构形式的换向阀而言，此背压对换向阀的动作灵敏性可能有些影响。

四、柔性节流阀

图 4-7 所示为柔性节流阀的结构原理图，它依靠阀杆夹紧柔韧的橡胶管而产生节流作用，也可以用气体压力来代替阀杆压缩橡胶管。柔性节流阀结构简单，压力较小，动作可靠，对污染不敏感，通常工作压力范围为 0.03～0.3MPa。

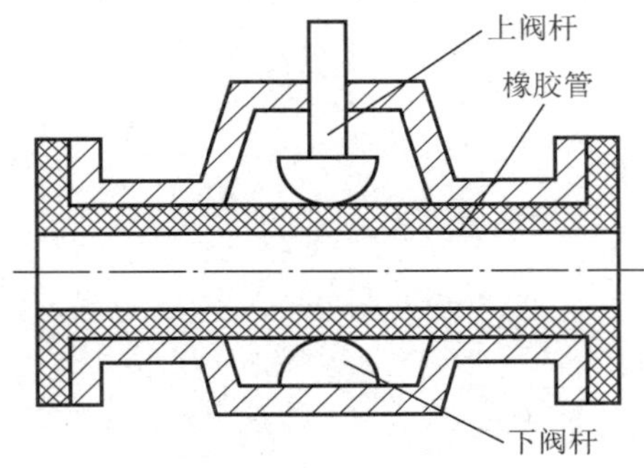

图 4-7　柔性节流阀的结构原理图

思考与练习

1．速度控制回路是利用________来改变进排气管路的有效截面积，以实现速度控制的。

2．简述单向节流阀的工作原理。

3．常用节流阀的节流口形式有哪些？

知识拓展

用流量控制阀控制气缸的运动速度时，应注意以下几点。

1）防止管道中的漏损。有漏损则速度不易控制，低速时更应注意防止漏损。

2）要特别注意气缸内表面的加工精度和表面粗糙度，尽量减少内表面的摩擦力，这是速度控制不可缺少的条件。在低速场合，往往使用聚四氟乙烯等材料作密封圈。

3）要使气缸内表面保持一定的润滑状态。润滑状态一改变，滑动阻力也就改变，速度控制就难以稳定。

4）加在气缸活塞杆上的载荷必须稳定。若这种载荷在行程中途有变化，则速度控制相当困难，甚至不可能控制。在不能避免载荷变化的情况下，必须借助于液压阻尼力，有时也使用平衡锤或连杆等。

5）必须注意速度控制阀的位置。原则上流量控制阀应设在气缸管接口附近。使用控制台时常将速度控制阀装在控制台上，远距离控制气缸的速度，但这种方法很难实现较好的速度控制。

模块二　安装与调试位置转换回路

任务引入

图 4-8 所示为某企业加工车间的位置转换装置，工件沿下传送带传输，合格的工件经过处于下位的活动斜板滑到下传送带继续前进；遇到不合格的工件，工人按下起动按钮，双作用气缸（1A）经过 3s 把活动斜板推到上位，待不合格的工件经过活动斜板滑到上传送带传输后，工人按下复位按钮，双作用气缸（1A）经过 2s 带动活动斜板到下位，为下一次动作做好准备。

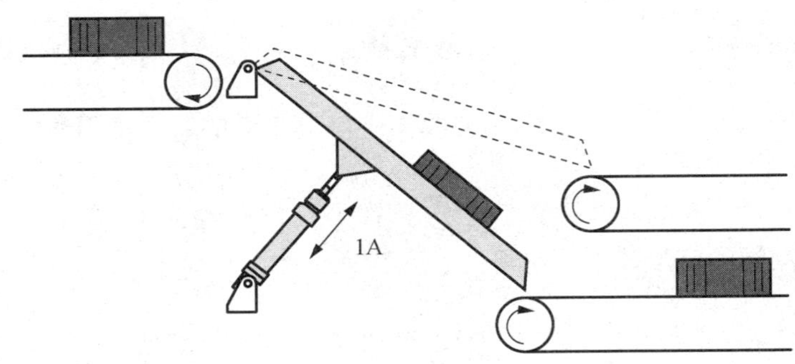

图 4-8　位置转换装置

任务布置

识读位置转换装置回路原理图，认识新气动元件，了解本次任务可能遇到的安全问题；选择合适的气动元件安装回路并调试，解决调试过程中出现的问题，最后对任务实施过程进行评定和检验，完成课后习题，并由个人、小组和教师分别对任务进行总结评价，填写任务评价表。

任务实施

一、识读位置转换回路图

如图 4-9 所示，位置转换回路的工作原理如下：气源 1 为系统提供压缩空气，压缩空气进入气动三联件 2，气动三联件对压缩空气进行净化、调压和润滑处理。压缩空气分别到达二位三通按钮式换向阀 3、4 的进气口和二位五通双气控换向阀 5 的进气口，按下换向阀 3，压缩空气经过换向阀 3 进入换向阀 5 的左控制口，推动换向阀 5 的阀芯向右运动，左位工作，压缩空气进入单向节流阀 6，单向节流阀中的单向阀打开，此时节流阀不起节流作用，压缩空气无阻碍进入双作用气缸 8 的无杆腔，有杆腔内的空气通过单向节流阀 7 流向换向阀 5 的排气口排出，因单向节流阀 7 中的单向阀关闭，节流阀起到排气节流限速的作用，所以单向节流阀 7 可以控制双作用气缸 8 活塞杆的伸出速度。按下换向阀 4，压缩空气经过换向阀 4 进入换向阀 5 的右控制口，推动换向阀 5 的阀芯向左运动，右位工作，压缩空气进入单向节流阀 7，单向节流阀中的单向阀打开，此时节流阀不起节流作用，压缩空气无阻碍进入双作用气缸 8 的有杆腔，无杆腔内的空气通过单向节流阀 6 流向换向阀 5 的排气口排出，因单向节流阀 6 中的单向阀关闭，节流阀起排气节流限速的作用，所以单向节流阀 6 可以控制双作用气缸 8 活塞杆的缩回速度。

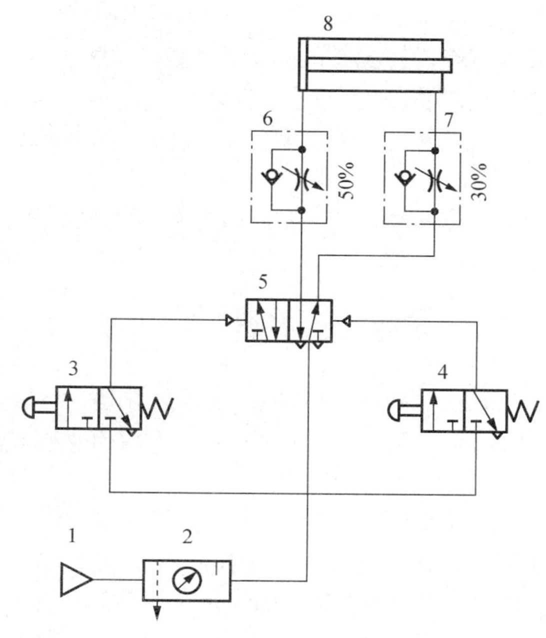

图 4-9　位置转换回路图

1—气源；2—气动三联件；3，4—二位三通按钮式换向阀；
5—二位五通双气控换向阀；6，7—单向节流阀；8—双作用气缸

二、安装位置转换回路

根据气动回路图从气动元件库中选取适合本次任务的气动元件，按照压缩空气的流向安装回路。

参考安装方法（参考图 4-9 所示）：首先用气管从气源 1 的出气口连接到气动三联件 2 进气口（P 口），再用气管从气动三联件 2 的出口（A 口）通过四通接头分别连接到换向阀 3 的进气口（P 口）、换向阀 4 的进气口（P 口）和换向阀 5 的进气口（P 口），再用气管从换向阀 3 的出气口（A 口）连接到换向阀 5 的左控制口，用气管从换向阀 4 的出气口（A 口）连接到换向阀 5 的右控制口，然后用两根气管把换向阀 5 的出气口分别和单向节流阀 6、7 的进气口连接起来，最后用两根气管把单向节流阀 6、7 的出气口分别和双作用气缸 8 的进、出气口连接起来。

三、调试位置转换回路

调试位置转换回路注意事项如下。

1）检查各个接口是否连接安全。

2）打开气源，调节调压阀的调节旋钮，使气压为 0.3～0.4MPa。

3）打开空气调压器上面连接的旋钮开关，让系统回路通气。

4）检查通气后所有气缸能否回到要求的初始位置。

5）观察是否有漏气现象，若漏气，则关闭气源，查找漏气原因并排除。

6）按照位置转换回路工作原理进行实验，调节气缸运动速度，使气缸运动平稳无振动和冲击。

7）动作可靠，且伸缩速度基本保持一致。观察结果，判断是否达到预期效果。

四、故障设置及排除

1. 故障设置

由小组成员或教师设置 1～3 处气路故障，如不能起动、气缸伸出或缩回太快不能调节、气缸不能伸出或不能返回等。设置气路不通可采用用透明胶挡住气管、改变进出气口等方法。

常见故障原因如下（参考图 4-9 所示）。

1）气缸的初始状态不对，原因可能是：①换向阀 3 进、出气口气管接错；②换向阀 4 进、出气口气管接错；③换向阀 4 阀芯的初始位置与回路图不符。

2）气缸不能正常运行或不能调速，原因有：①气源 1 不能正常提供压缩空气；②气动三联件 2 中减压阀调节压力过低；③换向阀 3 或换向阀 4 的进、出气口连接错误；④单向节流阀 6 或单向节流阀 7 的进、出气口连接错误。

2. 观察故障现象并分析故障原因

根据故障现象和排除情况，完成表 4-3 的填写。

表 4-3　故障检测表

故障序号	故障现象	分析原因	查找步骤	故障点
1				
2				
3				

3. 排除故障

根据现象分析和查找故障点并逐一排查，恢复系统功能并调试好系统。

4. 注意事项

1）在设置故障和排除故障时，必须在关闭气源的状态下进行。

2）决不允许在通气状态下插拔气管。

3）在检查回路时，发生漏气现象要及时关闭气源。

4）在排查故障时，不能扩大故障点，不能损坏元件。

5）完成故障排除后，及时关闭气源，拆下管路和元件，放回原位。

任务评价

表 4-4 是任务评价表，任务实施后，完成任务评价表的填写。

表 4-4　任务评价表

<table>
<tr><td>班级</td><td></td><td colspan="2">姓名　　　　</td><td>任务名称</td><td colspan="2"></td></tr>
<tr><td>序号</td><td>步骤</td><td colspan="2">要求</td><td>评分标准</td><td>配分</td><td>得分</td></tr>
<tr><td rowspan="3">1</td><td rowspan="3">识读气动回路图</td><td colspan="2">能否正确绘制回路图</td><td rowspan="3">每错一处扣 2 分</td><td rowspan="3">22 分</td><td rowspan="3"></td></tr>
<tr><td colspan="2">能否识别气动元件</td></tr>
<tr><td colspan="2">能否读懂回路图</td></tr>
<tr><td rowspan="5">2</td><td rowspan="5">安装</td><td colspan="2">能否正确选择元件</td><td rowspan="5">每项 6 分，根据情况酌情扣分</td><td rowspan="5">30 分</td><td rowspan="5"></td></tr>
<tr><td colspan="2">元件布局是否合理</td></tr>
<tr><td colspan="2">能否正确连接元件</td></tr>
<tr><td colspan="2">接头连接是否可靠</td></tr>
<tr><td colspan="2">整体安装是否美观、合理</td></tr>
<tr><td rowspan="4">3</td><td rowspan="4">调试</td><td colspan="2">通气前各阀是否处于正确位置</td><td rowspan="4">每项 7 分，根据情况酌情扣分</td><td rowspan="4">28 分</td><td rowspan="4"></td></tr>
<tr><td colspan="2">调试方法是否正确</td></tr>
<tr><td colspan="2">调试过程是否正确</td></tr>
<tr><td colspan="2">停气后各元件是否处于正确位置</td></tr>
<tr><td rowspan="2">4</td><td rowspan="2">安全文明
5S 考核</td><td colspan="2">安全操作</td><td rowspan="2">每项 10 分</td><td rowspan="2">20 分</td><td rowspan="2"></td></tr>
<tr><td colspan="2">操作过程中工位是否符合 5S 要求</td></tr>
<tr><td colspan="5">总分</td><td>100 分</td><td></td></tr>
</table>

相关知识

根据单向节流阀在气动回路中连接方式的不同，可以将速度控制方式分为进气节流速度控制方式和排气节流速度控制方式。

一、进气节流

进气节流是指压缩空气经节流阀调节后进入气缸，推动活塞缓慢运动；气缸排出的气体不经过节流阀，通过单向阀自由排出。

图 4-10 所示为双作用气缸的进气节流控制回路。在进气节流时，气缸排气腔压力很快降至大气压，而进气腔压力的升高比排气腔压力的降低缓慢。当进气腔压力产生的合力大于活塞静摩擦力时，活塞开始运动。由于动摩擦力小于静摩擦力，所以活塞起动时运动速度较快，进气腔容积急剧增大。由于进气节流限制了供气速度，使得进气腔压

力降低，从而容易造成气缸的“爬行”现象。一般来说，进气节流多用于垂直安装的气缸支撑腔的供气回路。

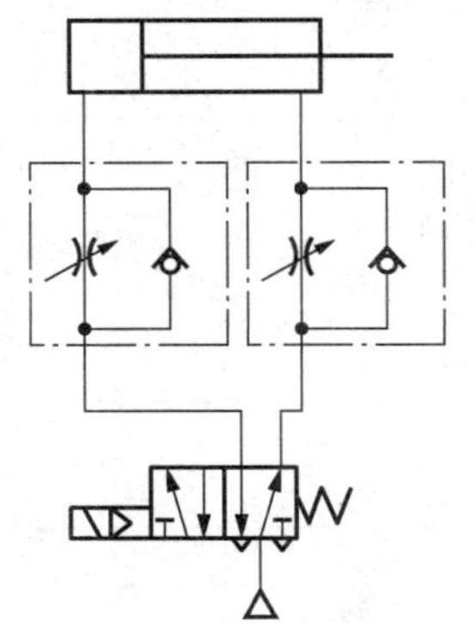
图 4-10　进气节流控制回路

采用进气节流的回路性能如下。

1）起动时，气流逐渐进入气缸，起动平稳；但如带负载起动，可能因推力不够，造成无法起动。

2）采用进气节流进行速度控制时，活塞上微小的负载波动都会导致气缸活塞速度明显变化，使其运动速度稳定性变差。

3）当负载的运动方向与活塞的运动方向相同时，可能会出现活塞不受节流阀控制的前冲现象。

4）当活塞杆受到阻挡或到达极限位置而停止后，其工作腔由于受到节流压力而逐渐上升到系统最高压力，利用这个过程可以很方便地实现压力顺序控制。

二、排气节流

排气节流是指压缩空气经单向阀直接进入气缸，推动活塞运动；而气缸排出的气体必须通过节流阀受到节流后才能排出，从而使气缸活塞的运动速度得到控制。

图 4-11 所示为双作用气缸的排气节流控制回路。在排气节流时，排气腔内可以建立与负载相适应的背压，在负载保持不变或微小变动的条件下，运动比较平稳，调节节流阀的开度即可调节气缸往复运动的速度。从节流阀的开度和速度的比例、初始加速度、缓冲能力等特性来看，双作用气缸一般采用排气节流控制。

采用排气节流的回路性能如下。

1）起动时，气流不经节流直接进入气缸，会产生一定的冲击。起动平稳性不如进气节流。

2）采用排气节流进行速度控制，气缸排气腔由于排气受阻形成背压。排气腔形成的这种背压，减少了负载波动对速度的控制，提高了运动的平稳性。

3）在出现负值负载时，排气节流由于有背压的存在，可以阻止活塞的前冲。

4）气缸活塞运动停止后，气缸进气腔由于没有节流，压力迅速上升；排气腔压力在节流作用下逐渐下降到零。利用这一过程来实现压力控制比较困难且可靠性差，一般不采用。

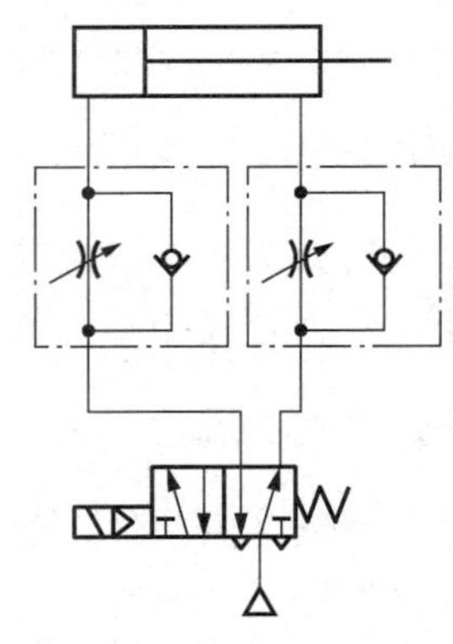
图 4-11　排气节流控制回路

思考与练习

1．常见的速度控制回路有________和________回路。

2．如何对气动执行元件进行速度控制？进气节流和排气节流有什么区别？

知识拓展

一、缓冲回路

气缸驱动较大负载高速移动时，会产生很大的动能，使此动能从某一位置开始逐渐减小，逐渐减慢速度，最终使执行元件在指定位置平稳停止的回路称为缓冲回路。如图 4-12 所示的回路中，节流阀 3 的开度大于单向节流阀 2 的节流口。当二位五通先导式电磁换向阀 1 通电时，A 腔进气，B 腔的气流经节流阀 3、行程阀 4 从阀 1 排出。调节阀 3 的节流阀开度，可改变活塞杆的前进速度。当活塞杆挡块压下行程终端的阀 4 后，阀 4 换向，通路切断，这时 B 腔的余气只能从阀 2 的节流阀排出。如果把阀 2 的节流开度调得很小，则 B 腔内压力猛升，对活塞产生反向作用力，阻止和减小活塞的高速运动，从而达到在行程末端减速和缓冲的目的。根据负载大小调整行程阀 4 的位置，即调整 B 腔的缓冲容积，就可获得较好的缓冲效果。

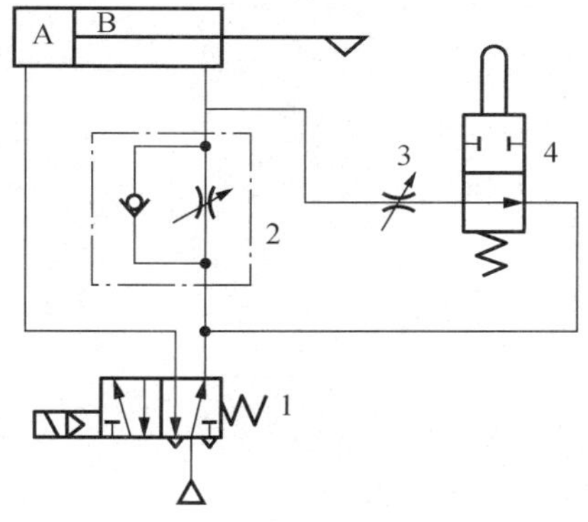

图 4-12　缓冲回路

1—二位五通光导式电磁换向阀；2—单向节流阀；3—节流阀；4—行程阀

二、冲击回路

冲击回路是利用气缸的高速运动给工件以冲击的回路。

如图 4-13 所示，此回路由贮存压缩空气的贮气罐 1、快速排气阀 4 及操纵气缸的换向阀 2、3 等元件组成。气缸在初始状态时，由于机动换向阀处于压下状态，即上位工作，气缸有杆腔通大气。二位五通电磁阀通电后，二位三通气控阀换向，储气罐内的压缩空气快速流入冲击气缸，气缸起动，快速排气阀快速排气，活塞以极高的速

度运动，活塞的动能可以对工件形成很大的冲击力。使用该回路时，应尽量缩短各元件与气缸之间的距离。

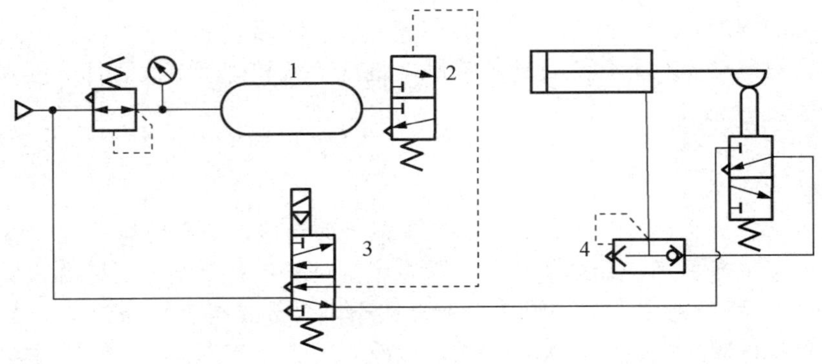

图 4-13　冲击回路

1—贮气罐；2—二位三通单气控换向阀；3—二位五通先导式电磁换向阀；4—快速排气阀

课题五

安装与调试逻辑控制回路

在利用气动执行元件驱动机构动作的机械设备中，系统的动作要考虑许多关联的因素，如动作的初始条件、安全因素、机械设备中各驱动装置的动作是否存在干扰等。驱动装置的动作往往受很多类似的条件制约，这些条件也称控制信号。执行元件能否运动，取决于这些信号是否满足其起动所需具备的条件，因此，在气动系统中不可避免地要对各种控制信号进行综合和加工，找出所需的控制信号，去控制执行元件动作。信号的综合和加工就是进行逻辑运算，凡是具有此功能的气动元件称为气动逻辑元件，由此类元件组成的回路称为逻辑控制回路。

知识目标

- 了解气动元件的结构特点、工作原理和应用。
- 掌握识读逻辑控制回路图的方法。
- 了解逻辑控制回路的工作原理。

能力目标

- 能看懂逻辑控制回路图。
- 能选用各类气动元件并安装逻辑控制回路。
- 能调试回路并解决出现的问题。
- 在任务过程中能按照 5S 要求进行现场管理。

模块一　安装与调试异地控制回路

任务引入

图 5-1 所示为某企业的生产线，当物体沿传送带 2 运动到气缸 1A 位置时，按下两个按钮中的任意一个，都能使气缸活塞杆伸出，将工件从传送带 2 推送到传送带 1。如果不松开按钮，气缸活塞杆无法缩回；只有松开按钮，活塞杆才能回到气缸的末端，为下一次工作做好准备。

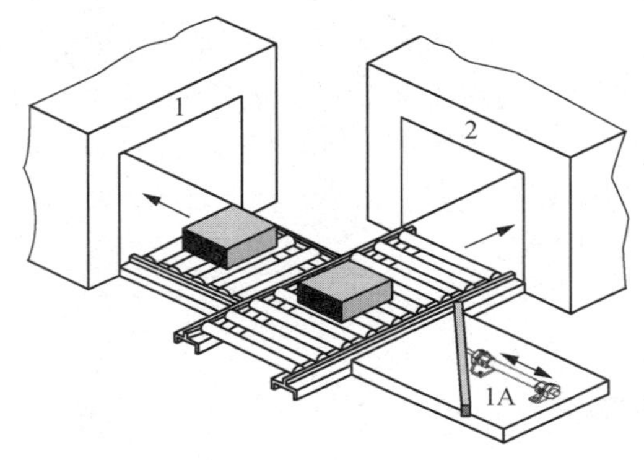

图 5-1　某企业生产线

1，2—传送带

任务布置

识读异地控制回路原理图，认识新气动元件，了解本次任务可能遇到的安全问题；选择合适的气动元件安装回路并调试，解决调试过程中出现的问题，最后对任务实施过程进行评定和检验，完成课后习题，并由个人、小组和教师分别对任务进行总结评价，填写任务评价表。

任务实施

一、识读异地控制回路图

如图 5-2 所示，异地控制回路的工作原理如下：气源 1 为系统提供压缩空气，压缩空气进入气动三联件 2，气动三联件对压缩空气进行净化、调压和润滑处理。初始状态

下，压缩空气通过二位五通单气控换向阀 6 进入双作用气缸 7 的有杆腔，活塞杆处于缩回状态。按下二位三通按钮式换向阀 3，压缩空气经过阀 3 的进、出气口到达或门型梭阀 5 的左进气口，把阀芯推到右侧并堵住右进气口，从而左进气口和上侧出口相通，压缩空气到达阀 6 的控制口推动阀芯换向，压缩空气能通过阀 6 进入双作用气缸 7 的无杆腔，推动活塞杆伸出。松开阀 3，其阀芯复位，阀 6 控制口无压缩空气，其阀芯复位，双作用气缸 7 活塞杆缩回。同理，按下阀 4，双作用气缸 7 活塞杆伸出，松开阀 4，双作用气缸 7 活塞杆缩回。所以该回路可以实现异地控制功能。

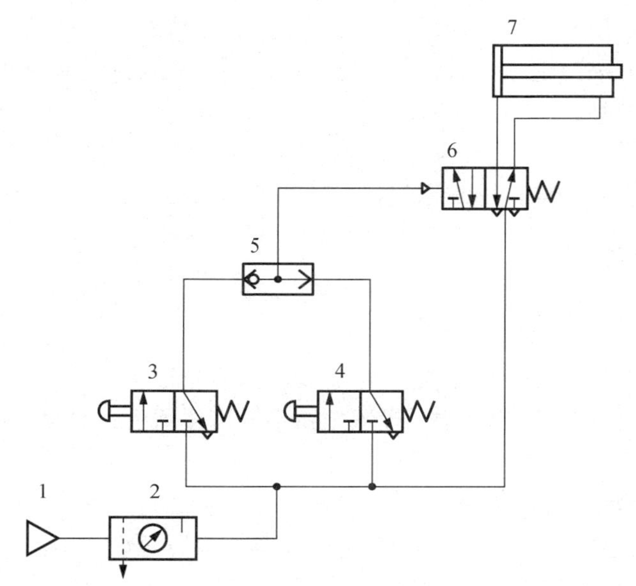

图 5-2　异地控制回路图

1—气源；2—气动三联件；3，4—二位三通按钮式换向阀；5—或门型梭阀；6—二位五通单气控换向阀；7—双作用气缸

二、安装异地控制回路

根据气动回路图从气动元件库中选取适合本次任务的气动元件，按照压缩空气的流向安装回路。

参考安装方法：首先用气管从气源 1 的出气口连接到气动三联件 2 进气口（P 口），再用气管从气动三联件 2 的出气口（A 口）通过多通接头分成三路：第一路连接到二位三通按钮式换向阀 3 的进气口（P 口），再从阀 3 的出气口（A 口）连接到或门型梭阀 5 的左进气口（P_1 口）；第二路连接到换向阀 4 的进气口（P 口），再从二位三通按钮式换向阀 4 的出气口（A 口）连接阀 5 的右进气口（P_2 口），阀 5 的出气口（A 口）连接到二位五通单气控换向阀 6 的控制口（Z 口）；第三路连接到阀 6 的进气口（P 口）；最后用两根气管把阀 6 的出气口和双作用气缸 7 连接起来。

三、调试异地控制回路

调试异地控制回路的注意事项如下。

1）检查各个接口是否连接安全。

2）打开气源，调节调压阀的调节旋钮，使气压为 0.3～0.4MPa。

3）打开空气调压器上面连接的旋钮开关，让系统回路通气。

4）检查通气后所有气缸能否回到任务要求的初始位置。

5）观察是否有漏气现象，若漏气，则关闭气源，查找漏气原因并排除。

6）按照异地控制回路的工作原理进行实验，调节气缸运动速度，使气缸运动平稳，无振动和冲击。

7）动作可靠，且伸缩速度基本保持一致。观察结果，看是否达到预期效果。

四、故障设置及排除

1. 故障设置

由小组成员或教师设置 1～3 处气路故障，如不能起动、气缸伸出或缩回太快不能调节、气缸不能伸出或不能返回等。设置气路不通可采用用透明胶挡住气管、改变进出气口等方法。

常见故障原因如下（参考图 5-2 所示）。

1）气缸的初始状态不对，原因可能是：①换向阀 3 的进、出气口连接错误；②换向阀 4 的进、出气口连接错误；③换向阀 6 的进、出气口连接错误。

2）气缸不能正常运行，原因有：①气源 1 不能正常提供压缩空气；②气动三联件 2 中减压阀调节压力过低；③换向阀 3、4 的进气口连接错误；④换向阀 6 的进、出气口或控制口连接错误；⑤或门型梭阀 5 选择错误。

2. 观察故障现象并分析故障原因

根据故障现象和排除情况，完成表 5-1 的填写。

表 5-1　故障检测表

故障序号	故障现象	分析原因	查找步骤	故障点
1				
2				
3				

3. 排除故障

根据现象分析和查找故障点并逐一排查，恢复系统功能并调试好系统。

4. 注意事项

1）在设置故障和排除故障时，必须在关闭气源的状态下进行。
2）决不允许在通气状态下插拔气管。
3）在检查回路时，发生漏气现象要及时关闭气源。
4）在排查故障时，不能扩大故障点，不能损坏元件。
5）完成故障排除后，及时关闭气源，拆下管路和元件，放回原位。

任务评价

表5-2是任务评价表，任务实施后，完成任务评价表的填写。

表5-2　任务评价表

班级		姓名	任务名称		
序号	步骤	要求	评分标准	配分	得分
1	识读气动回路图	能否正确绘制回路图	每错一处扣2分	22分	
		能否识别气动元件			
		能否读懂回路图			
2	安装	能否正确选择元件	每项6分，根据情况酌情扣分	30分	
		元件布局是否合理			
		能否正确连接元件			
		接头连接是否可靠			
		整体安装是否美观、合理			
3	调试	通气前各阀是否处于正确位置	每项7分，根据情况酌情扣分	28分	
		调试方法是否正确			
		调试过程是否正确			
		停气后各元件是否处于正确位置			
4	安全文明5S考核	安全操作	每项10分	20分	
		操作过程中工位是否符合5S要求			
总分				100分	

相关知识

一、单向阀

单向阀是指只能向一个方向流动，而不能反方向流动的阀。它的结构图和图形符号如图5-3所示。

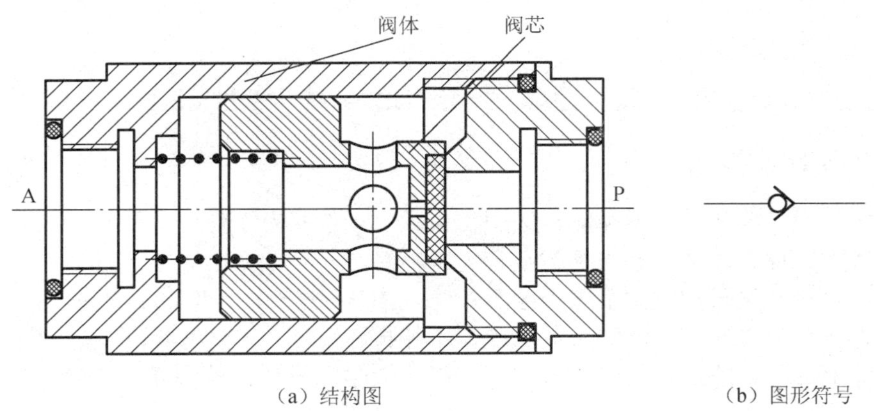

（a）结构图　　（b）图形符号

图 5-3　单向阀的结构图和图形符号

图形符号识别技巧

- 单向阀图形符号中小圆代表阀芯。
- 图形符号中>表示阀体与阀芯的接合面。
- 图形符号中两端的短线表示气路。

正向流动时（P 口进气），P 腔气压推动阀芯的力大于作用在阀芯上的弹簧力，阀芯被推开，P 腔、A 腔接通。为了使阀芯保持开启状态，P 腔与 A 腔应保持一定的压差，以克服弹簧力。反向流动时（A 口进气），空气压力和弹簧力方向一致，阀芯关闭，A 腔、P 腔不通。弹簧力的作用是增加阀的密封性，防止低压泄漏，另外，在气流反向流动时帮助阀迅速关闭。

单向阀的特性包括最低开启压力、压降和流量特性等。因为单向阀是在压缩空气作用下开启的，因此在阀开启时，必须满足最低开启压力，否则不能开启。单向阀即使处在全开状态也会产生压降，因此在精密的压力调节系统中使用单向阀时，需预先了解阀的开启压力和压降值。一般开启压力为 0.01～0.04MPa，压降为 0.006～0.01MPa。

二、或门型梭阀

在气压传动系统中，当两个通路 P_1 和 P_2 均与另一个通路 A 相通，而不允许 P_1 和 P_2 相通时，就要用到或门型梭阀。

图 5-4 所示是或门型梭阀的实物图和结构图，或门型梭阀相当于由两个单向阀串联而成。P_1、P_2 口是输入口，A 口是输出口，不管是 P_1 口还是 P_2 口有输入，A 口都有输出，其作用相当于实现或门的逻辑功能（实物图中 IN 口是输入口，OUT 口是输出口）。

或门型梭阀的工作原理及图形符号如图 5-5 所示。当输入口 P_1 单独进气时，阀芯被推向右侧，通路 P_2 被关闭，于是气流从 P_1 进入通路 A，如图 5-5（a）所示；当输入口 P_2 单独进气时，阀芯被推向左侧，通路 P_1 被关闭，于是气流从 P_2 进入通路 A，如图 5-5

（b）所示；当 P_1、P_2 同时进气，哪端压力高，哪端与 A 口相通，另一端关闭。图 5-5（c）是或门型梭阀的图形符号。

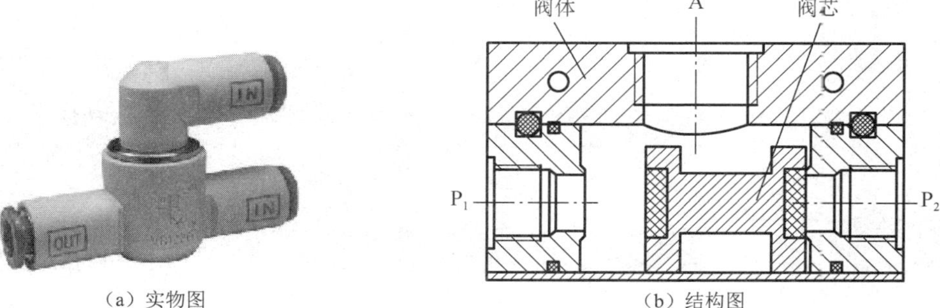

（a）实物图　（b）结构图

图 5-4　或门型梭阀的实物图和结构图

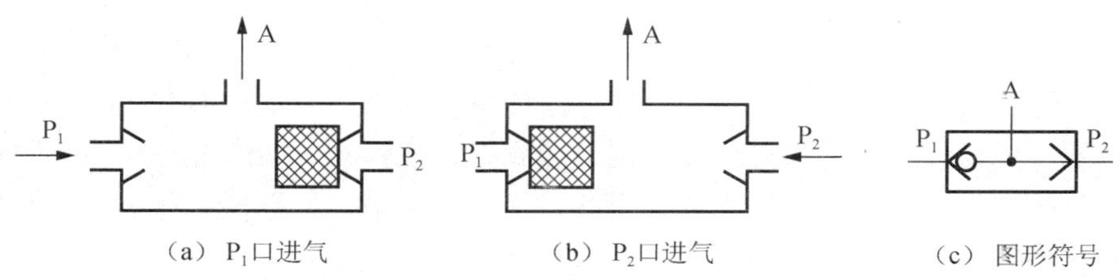

（a）P_1口进气　（b）P_2口进气　（c）图形符号

图 5-5　或门型梭阀的工作原理及图形符号

图形符号识别技巧

- 或门型梭阀图形符号中小圆代表阀芯，矩形代表阀体。
- 图形符号中上、左、右面的短线代表进排气的管路接口。
- 图形符号中<、>代表阀芯与阀体的接合处，此处有密封圈。

思考与练习

1．单向阀是指只能________，而不能________流动的阀。

2．设计公交车车门开关气压传动系统回路图。

设计满足以下要求：

1）司机处可以控制车门的开关。

2）售票员处可以控制车门的开关。

3）车门具有防挤压保护功能，如果在关门过程中挤到乘客或物体，会从关门状态变为开门状态。

3．设计自锁控制回路。

设计满足以下要求。

1）按下起动按钮，单作用气缸活塞杆伸出，松开起动按钮使其复位后，气缸活塞杆自锁，仍然保持伸出状态。

2）按下停止按钮，气缸活塞杆返回。

注意

回路中不允许使用机械换向阀，且所用到的换向阀都带有弹簧复位功能。

模块二　安装与调试折边机回路

任务引入

图 5-6 所示为某企业加工车间的折边机，折边机的工作由气动系统控制，且具有保护操作者双手的功能。当把需要折边的钢板放到指定位置后，操作者必须双手同时按下两个相同的按钮开关，折边装置的成形模具才能向下运动，将钢板折弯。松开两个或其中一个按钮开关，都将使气缸缓慢回到初始位置。

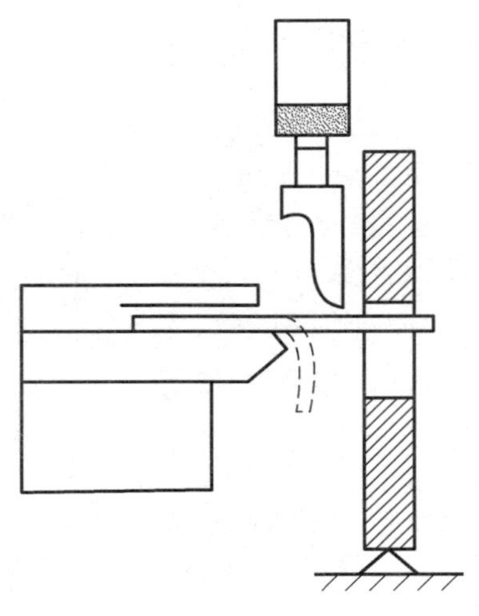

图 5-6　某加工车间折边机

任务布置

识读折边机回路原理图，认识新气动元件，了解本次任务可能遇到的安全问题；选择合适的气动元件安装回路并调试，解决调试过程中出现的问题，最后对任务实施过程

进行评定和检验，完成课后习题，并由个人、小组和教师分别对任务进行总结评价，填写任务评价表。

任务实施

一、识读折边机回路图

如图 5-7 所示，折边机回路的工作原理如下：气源 1 为系统提供压缩空气，压缩空气进入气动三联件 2，气动三联件对压缩空气进行净化、调压和润滑处理。初始状态下，压缩空气通过二位五通气控换向阀 6 进入双作用气缸 8 的有杆腔，活塞杆处于缩回状态。按下二位三通按钮式换向阀 3，压缩空气经过阀 3 的进出气口到达与门型梭阀 5 的左进气口，把阀芯推到右侧并堵住左进气口，压缩空气不能继续流动；同理，按下二位三通按钮式换向阀 4，压缩空气经过阀 4 的进出气口到达阀 5 的右进气口，把阀芯推到左侧并堵住右进气口，压缩空气不能继续流动；按下阀 3 和 4，压缩空气进入阀 5 左、右进气口，阀 5 出气口有压缩空气流出，压缩空气到达阀 6 的控制口推动阀芯换向，压缩空气能通过阀 6 进入双作用气缸 8 的无杆腔，推动活塞杆伸出，单向节流阀 7 控制活塞杆伸出的速度。松开换向阀 3 或 4，阀 6 控制口无压缩空气，其阀芯复位，双作用气缸 8 活塞杆缩回，单向节流阀 7 不能控制活塞杆缩回的速度。

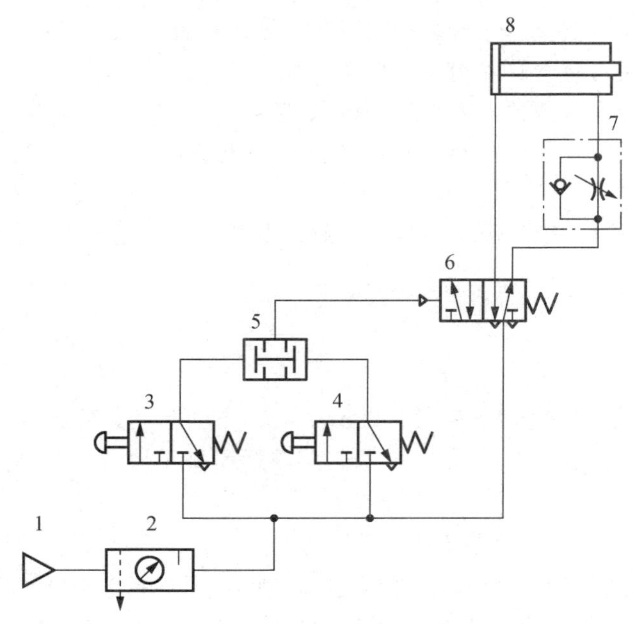

图 5-7　折边机回路图

1—气源；2—气动三联件；3，4—二位三通按钮式换向阀；5—与门型梭阀；6—二位五通单气控换向阀；7—单向节流阀；8—双作用气缸

二、安装折边机回路

根据气动回路图从气动元件库中选取适合本次任务的气动元件，按照压缩空气的流向安装回路。

参考安装方法（参考图 5-7 所示）：首先用气管从气源 1 的出气口连接到气动三联件 2 进气口（P 口），再用气管从气动三联件 2 的出口（A 口）通过多通接头分成三路：第一路连接到二位三通按钮式换向阀 3 的进气口（P 口），再从阀 3 的出气口（A 口）连接到与门型梭阀 5 的左进气口（P_1 口）；第二路连接到二位三通按钮式换向阀 4 的进气口（P 口），再从阀 4 的出气口（A 口）连接阀 5 的右进气口（P_2 口），阀 5 的出气口（A 口）连接到二位五通单气控换向阀 6 的控制口（Z 口）；第三路连接到阀 6 的进气口（P 口）；最后用三根气管把阀 6 的出气口、单向节流阀 7 和双作用气缸 8 连接起来，注意单向节流阀的安装位置和方向。

三、调试折边机回路

调试折边机回路注意事项如下。

1）检查各个接口是否连接安全。

2）打开气源，调节调压阀的调节旋钮，使气压为 0.3～0.4MPa。

3）打开空气调压器上面连接的旋钮开关，让系统回路通气。

4）检查通气后所有气缸能否回到要求的初始位置。

5）观察是否有漏气现象，若漏气，则关闭气源，查找漏气原因并排除。

6）按照折边机回路工作原理进行实验，调节气缸运动速度，使气缸运动平稳，无振动和冲击。

7）动作可靠，且伸缩速度基本保持一致。观察结果，看是否达到预期效果。

四、故障设置及排除

1. 故障设置

由小组成员或教师设置 1～3 处气路故障，如不能起动、气缸伸出或缩回太快不能调节、气缸不能伸出或不能返回等。设置气路不通可采用用透明胶挡住气管、改变进出气口等方法。

常见故障原因如下（参考图 5-7 所示）。

1）气缸的初始状态不对，原因可能是：①换向阀 3 的进、出气口连接错误；②换向阀 4 的进、出气口连接错误；③换向阀 6 的进、出气口连接错误。

2）气缸不能正常运行，原因有：①气源 1 不能正常提供压缩空气；②气动三联件 2 中减压阀调节压力过低；③换向阀 3、4 的进气口连接错误；④换向阀 6 的进、出气口

或控制口连接错误。⑤与门型梭阀5选择错误。⑥单向节流阀7进、出气口是否接错或者节流阀完全截止。

2. 观察故障现象并分析故障原因

根据故障现象和排除情况，完成表5-3的填写。

表5-3 故障检测表

故障序号	故障现象	分析原因	查找步骤	故障点
1				
2				
3				

3. 排除故障

根据现象分析和查找故障点并逐一排查，恢复系统功能并调试好系统。

4. 注意事项

1）在设置故障和排除故障时，必须在关闭气源的状态下进行。
2）决不允许在通气状态下插拔气管。
3）在检查回路时，发生漏气现象要及时关闭气源。
4）在排查故障时，不能扩大故障点，不能损坏元件。
5）完成故障排除后，及时关闭气源，拆下管路和元件，放回原位。

任务评价

表5-4是任务评价表，任务实施后，完成任务评价表的填写。

表5-4 任务评价表

<table>
<tr><td>班级</td><td></td><td>姓名</td><td></td><td>任务名称</td><td colspan="2"></td></tr>
<tr><td>序号</td><td>步骤</td><td colspan="2">要求</td><td>评分标准</td><td>配分</td><td>得分</td></tr>
<tr><td rowspan="3">1</td><td rowspan="3">识读气动回路图</td><td colspan="2">能否正确绘制回路图</td><td rowspan="3">每错一处扣2分</td><td rowspan="3">22分</td><td rowspan="3"></td></tr>
<tr><td colspan="2">能否识别气动元件</td></tr>
<tr><td colspan="2">能否读懂回路图</td></tr>
<tr><td rowspan="5">2</td><td rowspan="5">安装</td><td colspan="2">能否正确选择元件</td><td rowspan="5">每项6分，根据情况酌情扣分</td><td rowspan="5">30分</td><td rowspan="5"></td></tr>
<tr><td colspan="2">元件布局是否合理</td></tr>
<tr><td colspan="2">能否正确连接元件</td></tr>
<tr><td colspan="2">接头连接是否可靠</td></tr>
<tr><td colspan="2">整体安装是否美观、合理</td></tr>
</table>

续表

班级		姓名		任务名称		
序号	步骤	要求		评分标准	配分	得分
3	调试	通气前各阀是否处于正确位置		每项 7 分，根据情况酌情扣分	28 分	
		调试方法是否正确				
		调试过程是否正确				
		停气后各元件是否处于正确位置				
4	安全文明 5S 考核	安全操作		每项 10 分	20 分	
		操作过程中工位是否符合 5S 要求				
总分					100 分	

相关知识

一、与门型梭阀

与门型梭阀又称双压阀。图 5-8 所示是与门型梭阀的实物图和结构图，与门型梭阀有两个输入口 P_1 和 P_2 及一个输出口 A。当输入口 P_1、P_2 同时都有输入时，A 才会有输出，因此具有逻辑与的功能。

（a）实物图

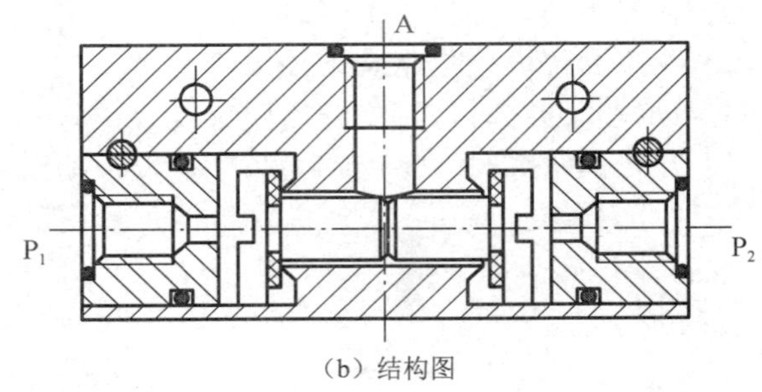

（b）结构图

图 5-8　与门型梭阀的实物图和结构图

图 5-9 所示是与门型梭阀的工作原理和图形符号。当 P_1 输入时，A 无输出，如图 5-9（a）所示；当 P_2 输入时，A 无输出，如图 5-9（b）所示；当两输入口 P_1 和 P_2 同时有输入时，A 有输出，如图 5-9（c）所示。图 5-9（d）所示是与门型梭阀的图形符号。

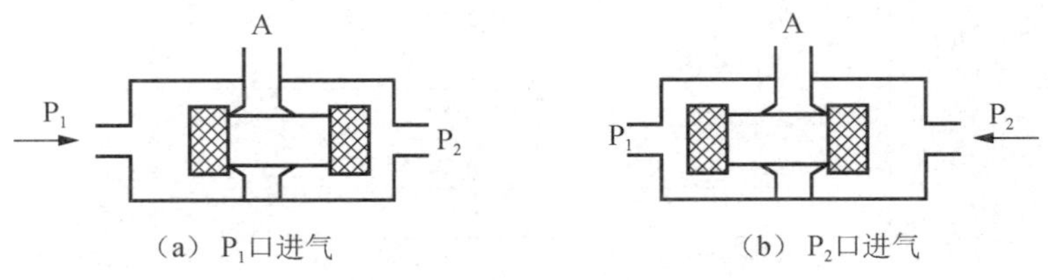

（a）P_1口进气　　（b）P_2口进气

图 5-9　与门型梭阀的工作原理和图形符号

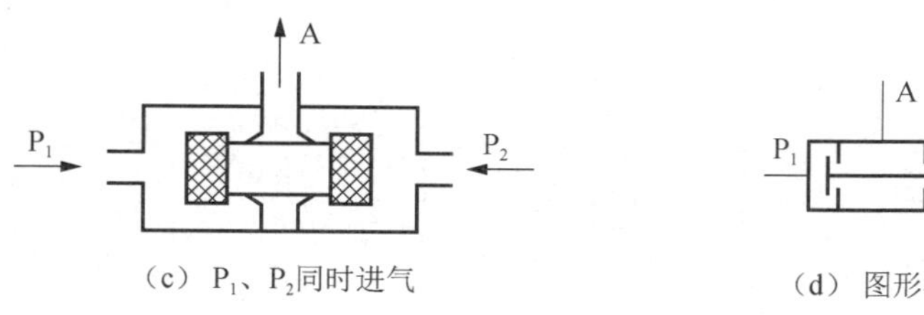

（c）P_1、P_2同时进气　　（d）图形符号

图 5-9（续）

图形符号识别技巧

- 图形符号中矩形表示与门型梭阀阀体，矩形内 4 条短竖线表示阀体内部构造。
- 图形符号中 H 形表示阀芯形状。
- 两条水平短线分别表示两个进气口，上方的竖直短线表示出气口。

二、快速排气阀

快速排气阀是用于给气动元件或装置快速排气的阀，简称快排阀。

图 5-10 所示是快速排气阀的实物图和结构图。通常气缸排气时，气体从气缸经过管路，由换向阀的排气口排出。如果气缸到换向阀的距离较长，而换向阀的排气口又小，排气时间就较长，气缸运动速度较慢；若采用快速排气阀，则气缸内的气体就能直接由快速排气阀排向大气，加快气缸的运动速度。

（a）实物图

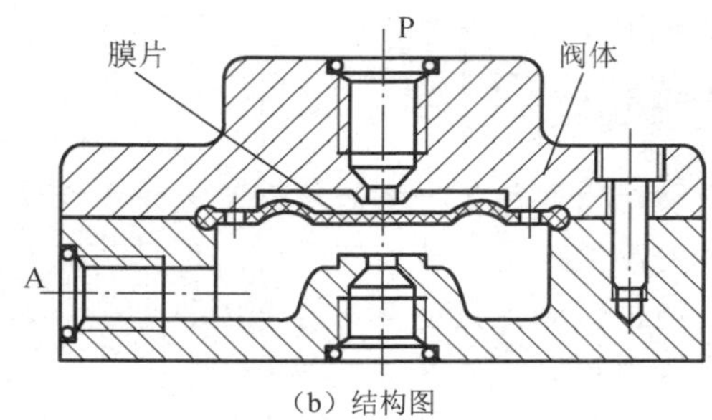

（b）结构图

图 5-10　快速排气阀的实物图和结构图

图 5-11 所示是快速排气阀的工作原理和图形符号，它有三个阀口，即 P、A、O，其中 P 接气源，A 接执行元件，O 通大气。当 P 有压缩空气输入时，推动阀芯向下移动，P 与 A 通，给执行元件供气；当 P 无压缩空气输入时，执行元件中的气体通过 A 使阀芯向上移动，堵住 P 与 A 的通路，同时打开 A 与 O 的通路，气体通过 O 快速排出。

快速排气阀通常装在换向阀和执行元件之间，使执行元件不用通过换向阀而快速排出气体，从而加快执行元件往复运动速度，缩短了工作时间。

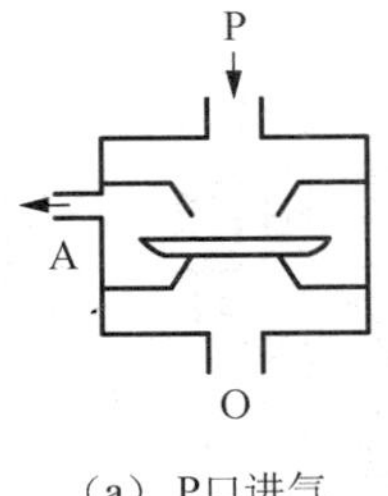

（a） P口进气

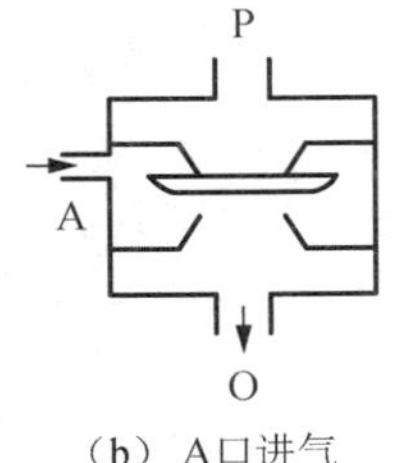

（b） A口进气

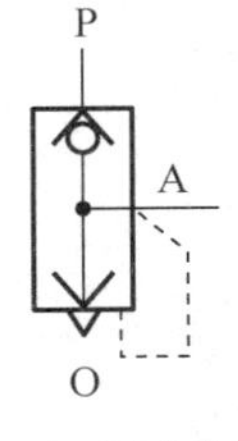

（c） 图形符号

图 5-11　快速排气阀工作原理图和图形符号

图形符号识别技巧

- 图形符号中的矩形表示快速排气阀的阀体。
- 矩形中的圆代表阀芯，矩形中的<和>代表密封圈。
- 矩形上方和右方的短线分别代表进气口、出气口，矩形下方的三角形代表排气口。

思考与练习

1．快速排气阀常装在________和________之间，它使气缸不通过换向阀而________排出气体，从而加快气缸往复________，缩短了工作周期。

2．试说出或门型梭阀、与门型梭阀二者的异同。

知识拓展

气动逻辑元件是一种以压缩空气为工作介质，通过元件内部可动部件的动作，改变气体的流动方向，从而实现一定逻辑功能的气动控制元件。

气动逻辑元件按逻辑功能可以分为是门元件、与门元件、非门元件、双稳元件等，按工作压力可以分为高压元件（工作压力 0.2 ~ 0.8MPa）、低压元件（工作压力 0.02 ~ 0.2MPa）和微压元件（工作压力低于 0.02MPa）三种，按结构形式可以分为截止式元件、膜片式元件、滑阀式元件和球阀式元件等。下面对截止式逻辑元件做简要介绍。

一、是门元件与与门元件

图 5-12 所示为是门元件的结构、工作原理图和图形符号。图中 a 为信号输入口，s 为信号输出口，中间口接气源 P。当 a 口没有压缩空气输入信号时，阀片在弹簧及气源压力作用下处于图示位置，堵住 P、s 之间的通道，此时 s 与排气口相通，s 口没有输出。当 a 有压力信号输入时，膜片在有压力气体作用下向下移动，从而推动阀芯也向下移动，堵住了排气通道，P 口与 s 口相通，s 口有压力气体输出。所以 a 口与 s 口有以下关系。

1）当 a 口无信号输入时，s 口无输出。

2）当 a 口有信号输入时，s 口有输出。

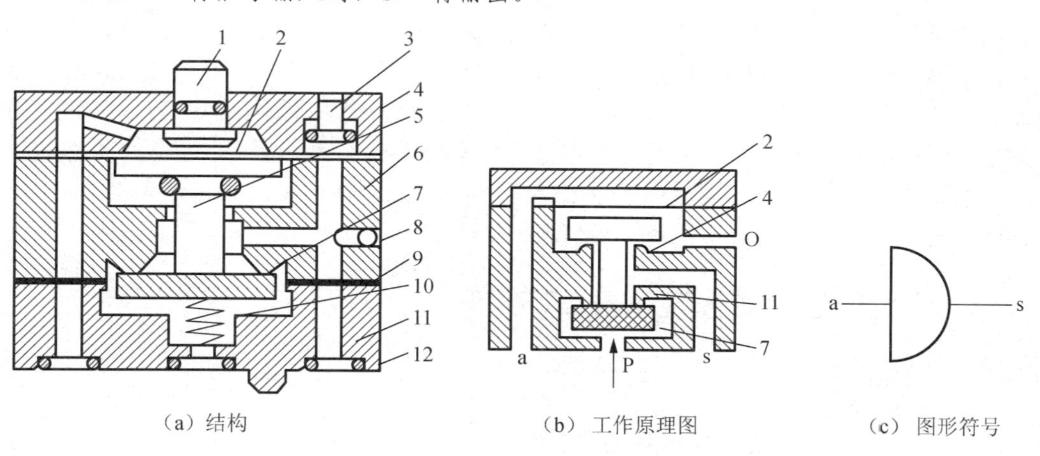

（a）结构　（b）工作原理图　（c）图形符号

图 5-12　是门元件的结构、工作原理和图形符号

1—手动按钮；2—膜片；3—显示活塞；4—上阀体；5—阀杆；6—中阀体；7—截止膜片；8—钢球；9—密封膜片；10—弹簧；11—下阀体；12—O 形圈

如图 5-13 所示，中间口不接气源 P，而是接另一个有压信号输入 b，此时该元件就成为“与门”元件。此时 a 口、b 口与 s 口有如下关系。

1）当 a 口没有信号输入、b 口没有信号输入时，s 口无输出。

2）当 a 口有信号输入、b 口没有信号输入时，s 口无输出。

3）当 a 口没有信号输入、b 口有信号输入时，s 口无输出。

4）当 a 口有信号输入、b 口有信号输入时，s 口有输出。

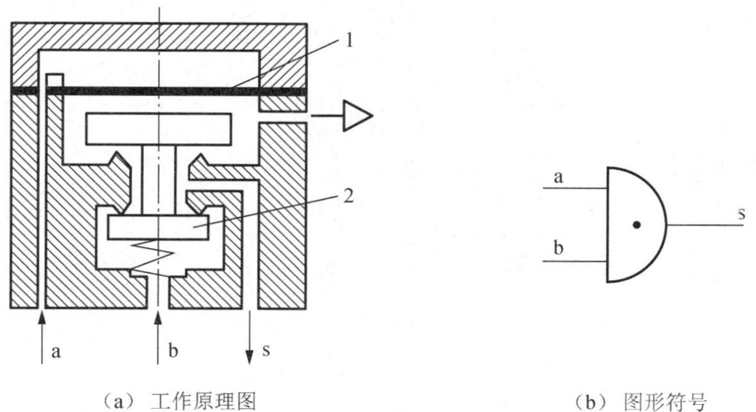

（a）工作原理图　（b）图形符号

图 5-13　与门元件的工作原理图和图形符号

1—膜片；2—阀芯

二、或门元件

图 5-14 所示是“或门”元件的结构和图形符号，图中 a、b 是信号输入口，s 是信号输出口。当 a 口有信号输入时，阀芯在输入信号的作用下向下移动并堵住信号口 b，气流经 s 口输出。当 b 口有信号输入时，阀芯在输入信号的作用下向上移动并堵住信号口 a，气流经 s 口输出。当 a、b 口都有信号输入时，阀芯在两个信号的作用下或向下移动，或向上移动，或保持在中位。但是不管阀芯处于哪个位置，s 口都有输出。由此得出如下结论：在 a、b 两个输入端中，有一个信号或同时有两个信号，s 口都有输出。

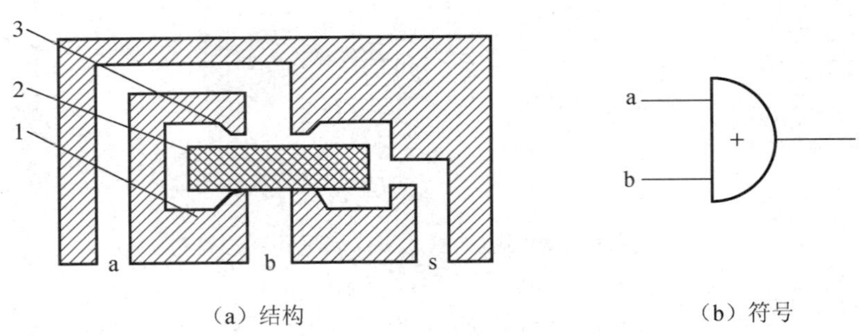

（a）结构　　（b）符号

图 5-14　或门元件的结构和图形符号

1—下阀座；2—阀芯；3—上阀座

三、“非门”与“禁门”元件

图 5-15 所示是“非门”元件，a 口为信号输入口，s 口为信号输出口,中间口接气源 P。当 a 口无信号输入时，阀片在气源压力作用下向上移动，堵住输出口 s 与排气口之间的通道，s 口有信号输出。当 a 口有输入信号时，膜片在输入信号的作用下，推动阀杆向下移动，堵住气源口 P，s 口无信号输出。

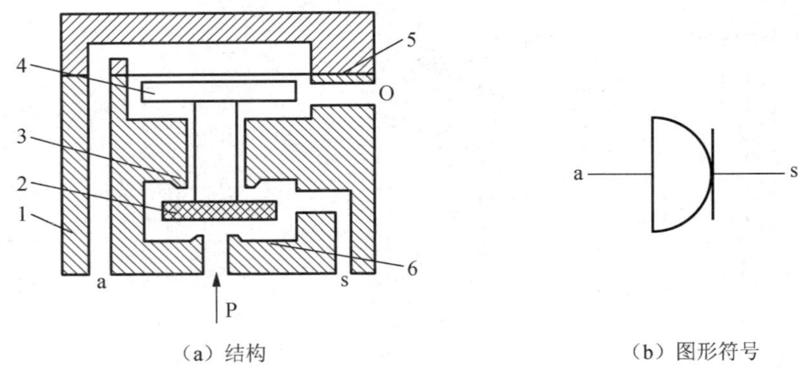

（a）结构　　（b）图形符号

图 5-15　非门元件的结构和图形符号

1—阀体；2—截止膜片；3—上阀座；4—顶杆；5—膜片；6—下阀座

如图 5-16 所示，中间口不接气源 P，而是接另一个有压信号输入 b，此时该元件就成为“禁门”元件。当 a、b 都有信号输入时，阀杆及阀芯在 a 输入信号的作用下堵住 b 口，s 口无输出。当 a 口无信号输入，b 口有信号输入时，s 就有输出。

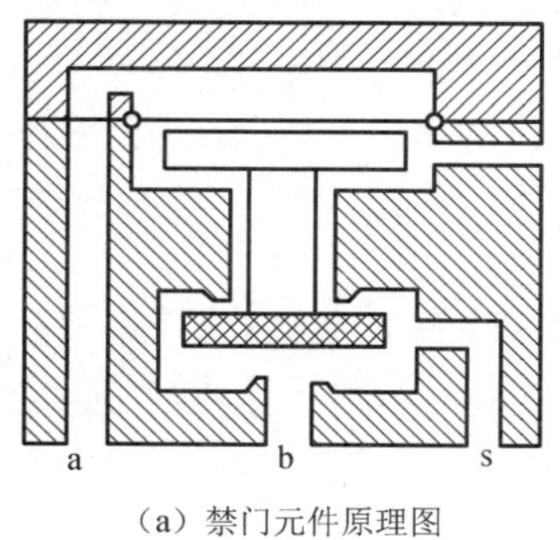

（a）禁门元件原理图

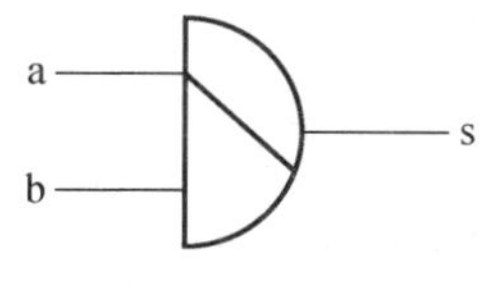

（b）图形符号

图 5-16　禁门元件的原理和图形符号

四、“双稳”元件

双稳元件的结构如图 5-17 所示。在气压信号的控制下，阀芯 4 带动滑块 6 移动，实现对输出端的控制功能。当接通气源压力后，如果加入控制信号 a，阀芯 4 被控制信号 a 推至右端，气源的压缩空气由 P 通至 s_1 输出，而 s_2 与排气口 O 相通。撤去控制信号 a，阀芯仍保持右位，s_1 保持有输出，记忆了控制信号 a。若 b 有控制信号输入，则阀芯 4 移至左端，s_2 与气源 P 相通，s_1 与排气口相通。撤去控制信号 b，s_2 仍保持有输出，记忆了控制信号 b。双稳元件的这一功能称为记忆功能，或称这种元件具有记忆性。

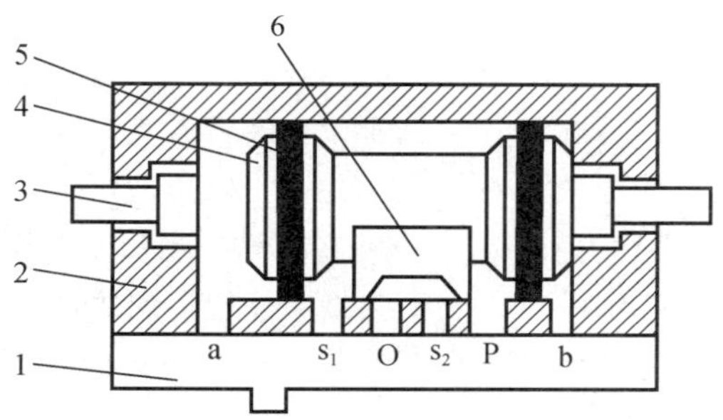

图 5-17　双稳元件的结构

1—连接板；2—阀体；3—手动杆；4—阀芯；5—密封圈；6—滑块

前面所介绍的气动逻辑元件，除双稳元件外，没有相对滑动的零部件，因此工作时不会产生摩擦，故在回路中使用逻辑元件时，不必加油雾器润滑。另外，许多滑阀型换向阀也具备某些逻辑功能，在应用中可根据实际情况进行选择。

模块三 安装与调试工件自动推送回路

任务引入

图 5-18 所示为某企业加工车间的自动推送装置，工件被码放在气缸 1A 前端，按下两个起动按钮中的任意一个，都能使气缸活塞杆伸出，将物体推送到加工处。即使不松开按钮，物体被推到加工位置后气缸也能返回末端。

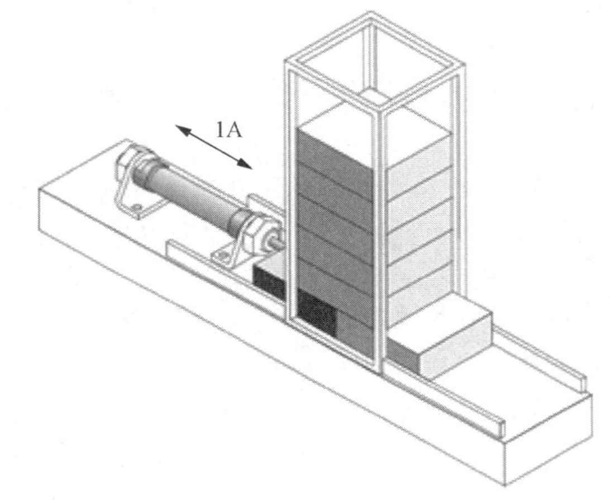

图 5-18 自动推送装置

任务布置

识读自动推送回路原理图，认识新气动元件，了解本次任务可能遇到的安全问题；选择合适的气动元件安装回路并调试，解决调试过程中出现的问题，最后对任务实施过程进行评定和检验，完成课后习题，并由个人、小组和教师分别对任务进行总结评价，填写任务评价表。

任务实施

一、识读工件自动推送回路图

如图 5-19 所示，工件自动推送回路的工作原理如下：气源 1 为系统提供压缩空气，压缩空气进入气动三联件 2，气动三联件对压缩空气进行净化、调压和润滑处理。初始

状态下，双作用气缸 10 的活塞杆在原始位置上，活塞杆头部挡块压下二位三通机动式换向阀 5 的滚轮，阀 5 接通，与门型梭阀 8 右侧进气口有压缩空气进入。按下二位三通按钮式换向阀 3 后松开，压缩空气经过或门型梭阀 7 进入阀 8 的左侧进气口，则阀 8 出气口有压缩空气流出并进入二位五通双气控换向阀 9 的左侧控制口，阀 9 处于左位，压缩空气经过阀 9 进入双作用气缸 10 左腔，气缸活塞杆伸出。气缸伸出后阀 5 的状态恢复，阀 9 左侧控制口无压缩空气。气缸活塞杆完全伸出，挡块压下二位三通机动换式向阀 6，阀 6 进、出气口相通，压缩空气进入阀 9 的右侧控制口，阀 9 处于右位，压缩空气经过阀 9 进入双作用气缸 10 右腔，气缸活塞杆缩回。气缸缩回后阀 6 的状态恢复，阀 9 右侧控制口无压缩空气。气缸完全缩回后挡块再次压下二位三通按钮式换向阀 4 的滚轮，一个循环结束。若保持按下阀 3，上述动作不断循环。同理，操作阀 4 和阀 3 的过程是一样的。

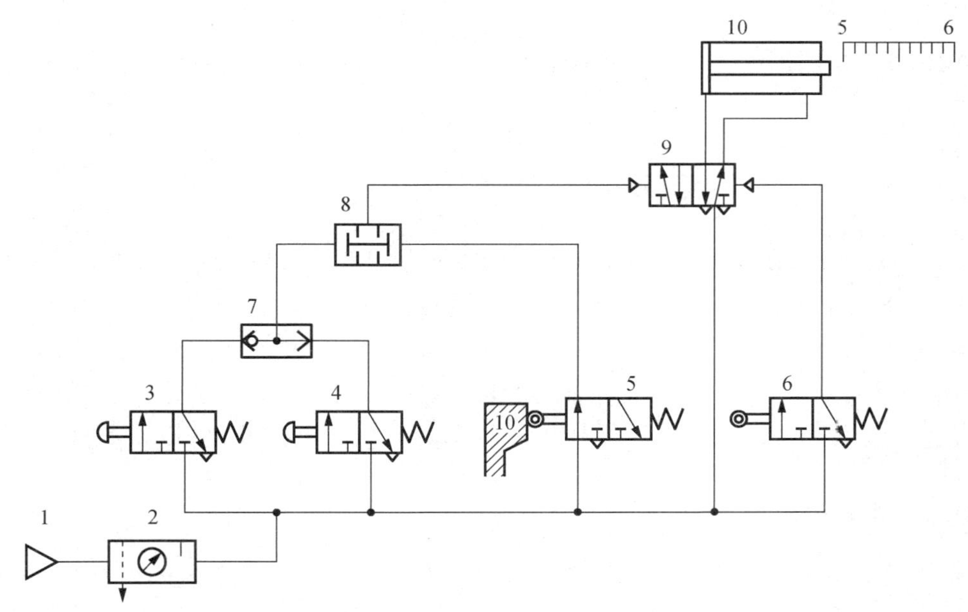

图 5-19　工件自动推送回路图

1—气源；2—气动三联件；3，4—二位三通按钮式换向阀；5，6—二位三通机动式换向阀；7—或门型梭阀；8—与门型梭阀；9—二位五通双气控换向阀；10—双作用气缸

二、安装工件自动推送回路

根据气动回路图从气动元件库中选取适合本次任务的气动元件，按照压缩空气的流向安装回路。

参考安装方法（参考图 5-19 所示）：首先用气管从气源 1 的出气口连接到气动三联

件2进气口（P口），再用气管从气动三联件2的出口（A口）通过多通接头分成五路：第一路连接到换向阀3的进气口（P口），再从换向阀3的出气口（A口）连接到或门型梭阀7的左侧进气口；第二路连接到换向阀4的进气口（P口），再从换向阀4的出气口（A口）连接到或门型梭阀7的右侧进气口，再把梭阀7的出气口（A口）和与门型梭阀8的左侧进气口连接起来；第三路连接到机动式换向阀5的进气口（P口），再从机动式换向阀5的出气口（A口）连接到与门型梭阀8的右侧进气口，与门型梭阀8的出气口连接到二位五通双气控换向阀9的左侧控制口；第四路连接到二位五通双气控换向阀9的进气口（P口）；第五路连接到机动式换向阀6的进气口（P口），从机动式换向阀6的出气口（A口）连接到换向阀9的右侧控制口。最后用两根气管把换向阀9的出气口和双作用气缸10连接起来。

三、调试工件自动推送回路

调试工件自动推送回路注意事项如下。

1）检查各个接口是否连接安全。

2）打开气源，调节调压阀的调节旋钮，使气压为0.3～0.4MPa。

3）打开空气调压器上面连接的旋钮开关，让系统回路通气。

4）检查通气后所有气缸能否回到任务要求的初始位置。

5）观察是否有漏气现象，若漏气，则关闭气源，查找漏气原因并排除。

6）按照工件自动推送回路工作原理进行实验，调节气缸运动速度，使气缸运动平稳，无振动和冲击。

7）动作可靠，且伸缩速度基本保持一致。观察结果，看是否达到预期效果。

四、故障设置及排除

1. 故障设置

由小组成员或教师设置1～3处气路故障，如不能起动、气缸伸出或缩回太快不能调节、气缸不能伸出或不能返回等。设置气路不通可采用用透明胶挡住气管，改变进、出气口等方法。

常见故障原因如下（参考图5-19所示）。

1）气缸的初始状态不对，原因可能是：①换向阀3、4的进、出气口连接错误；②换向阀5、6的进、出气口连接错误；③换向阀9的进、出气口连接错误或阀芯位置不对。

2）气缸不能正常运行，原因有：①气源1不能正常提供压缩空气；②气动三联件2中减压阀调节压力过低；③换向阀3、4、5、6的进气口连接错误；④换向阀9的进、出气口或控制口连接错误；⑤或门型梭阀7、与门型梭阀8选择错误。

2. 观察故障现象并分析故障原因

根据故障现象和排除情况，完成表 5-5 的填写。

表 5-5　故障检测表

故障序号	故障现象	分析原因	查找步骤	故障点
1				
2				
3				

3. 排除故障

根据现象分析和查找故障点并逐一排查，恢复系统功能并调试好系统。

4. 注意事项

1）在设置故障和排除故障时，必须在关闭气源的状态下进行。
2）决不允许在通气状态下插拔气管。
3）在检查回路时，发生漏气现象要及时关闭气源。
4）在排查故障时，不能扩大故障点，不能损坏元件。
5）完成故障排除后，及时关闭气源，拆下管路和元件，放回原位。

任务评价

表 5-6 是任务评价表，任务实施后，完成任务评价表的填写。

表 5-6　任务评价表

<table>
<tr><td>班级</td><td></td><td>姓名</td><td></td><td>任务名称</td><td colspan="2"></td></tr>
<tr><td>序号</td><td>步骤</td><td colspan="2">要求</td><td>评分标准</td><td>配分</td><td>得分</td></tr>
<tr><td rowspan="3">1</td><td rowspan="3">识读气动回路图</td><td colspan="2">能否正确绘制回路图</td><td rowspan="3">每错一处扣 2 分</td><td rowspan="3">22 分</td><td rowspan="3"></td></tr>
<tr><td colspan="2">能否识别气动元件</td></tr>
<tr><td colspan="2">能否读懂回路图</td></tr>
<tr><td rowspan="5">2</td><td rowspan="5">安装</td><td colspan="2">能否正确选择元件</td><td rowspan="5">每项 6 分，根据情况酌情扣分</td><td rowspan="5">30 分</td><td rowspan="5"></td></tr>
<tr><td colspan="2">元件布局是否合理</td></tr>
<tr><td colspan="2">能否正确连接元件</td></tr>
<tr><td colspan="2">接头连接是否可靠</td></tr>
<tr><td colspan="2">整体安装是否美观、合理</td></tr>
<tr><td rowspan="4">3</td><td rowspan="4">调试</td><td colspan="2">通气前各阀是否处于正确位置</td><td rowspan="4">每项 7 分，根据情况酌情扣分</td><td rowspan="4">28 分</td><td rowspan="4"></td></tr>
<tr><td colspan="2">调试方法是否正确</td></tr>
<tr><td colspan="2">调试过程是否正确</td></tr>
<tr><td colspan="2">停气后各元件是否处于正确位置</td></tr>
</table>

续表

班级		姓名		任务名称		
序号	步骤	要求		评分标准	配分	得分
4	安全文明 5S 考核	安全操作 操作过程中工位是否符合 5S 要求		每项 10 分	20 分	
总分					100 分	

相关知识

气动辅助元件是指保证气动系统正常工作必不可少的辅助元件，主要有油雾器、软管、软管接头、消声器、压力表等。

一、油雾器

为保证气动元件工作可靠，延长其使用寿命，常对控制阀和执行元件进行润滑，而在密封的气动系统内不能随意向气动元件注入润滑油，这就需要一种特殊的储油装置——油雾器。它以压缩空气为动力，将润滑油喷射成雾状跟随压缩空气进入气动系统，达到润滑气动元件的目的。

图 5-20 所示是油雾器的结构图和图形符号，其工作原理如下：压缩空气从入口进入油雾器后，其中绝大部分气流经文氏管，从主管道输出，小部分气流通过特殊单向阀流入油杯使油面受压。由于气流通过文氏管的高速流动使压力降低，与油面上的气压之间存在着压力差。在此压力下，润滑油经吸油管、给油单向阀和调节油量的针阀，滴入透明的视油器内，并顺着油路被文氏管的气流引射出来，雾化后随气流一同输出。

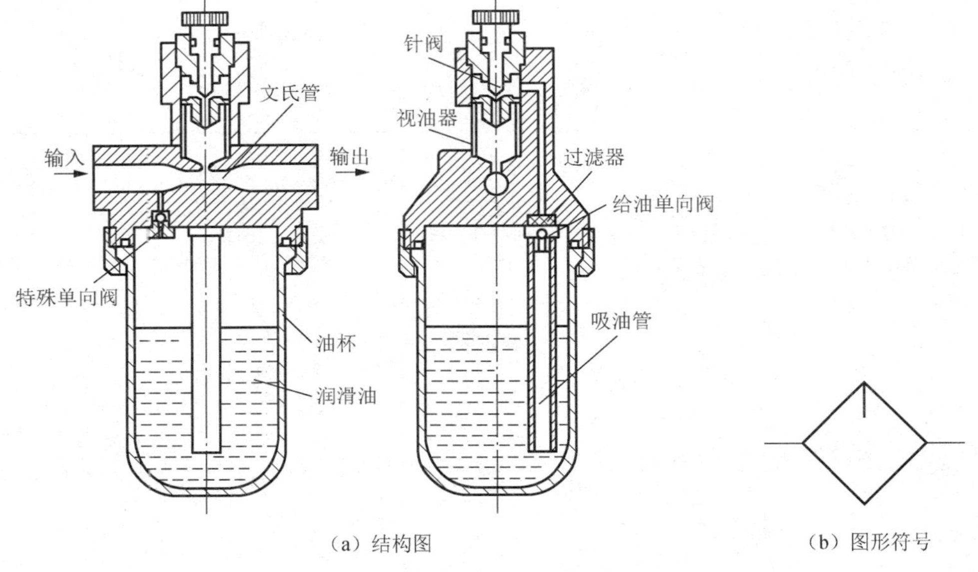

图 5-20　油雾器的结构图和图形符号

图形符号识别技巧

- 图形符号中的菱形表示油雾器的容积；
- 菱形左右的横线表示油雾器的进出管路；
- 菱形中的短竖线表示滴润滑油的油管。

二、软管

用于气动系统的管路有钢管、铜管、聚氯乙烯硬管、软管等。气动系统元件之间的连接主要用软管。软管的特点是具有可挠性、吸振性、消声性，连接和调整省时省力。如图 5-21 所示，用于气动的软管主要有橡胶管、尼龙管、聚氨酯管和聚乙烯管。

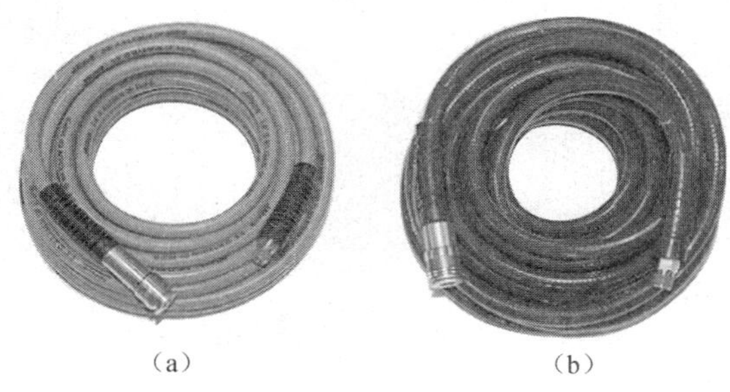

（a）　（b）

图 5-21　软管

三、软管接头

软管接头的种类、规格很多，按照结构来分，常用的有快插式管接头、快换式管接头、扩口式管接头、快拧式管接头和宝塔式管接头等。如图 5-22 所示，管接头的形式有直通、直角、三通、四通、五通等应用于不同场合的各种管接头。管接头一般选用黄铜或工程塑料制成，有的在黄铜接头体上镀镍铬层再加以抛光，以增强防腐蚀性能及美观。

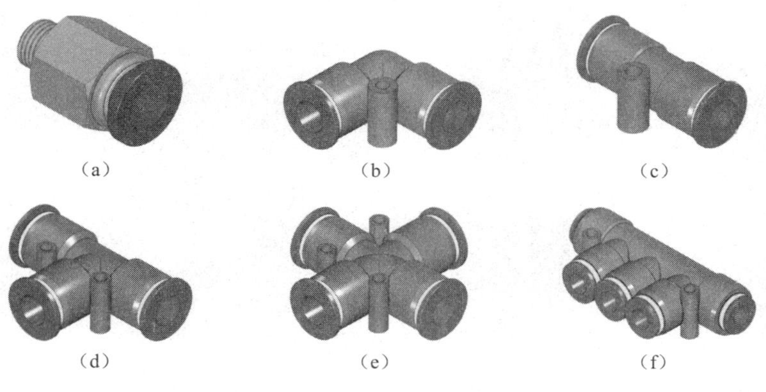

（a）　（b）　（c）

（d）　（e）　（f）

图 5-22　各类软管接头

如图 5-23 所示，软管接头的工作原理如下：软管接头内部有一圈金属卡环，卡环内径稍小于软管外径，卡环的安装方向和软管进入的方向一致，决定了软管进入软管接头很容易。软管进入软管接头后，卡环会牢牢嵌入软管外壁，阻止软管和软管接头分离，从而保证二者的牢固连接。

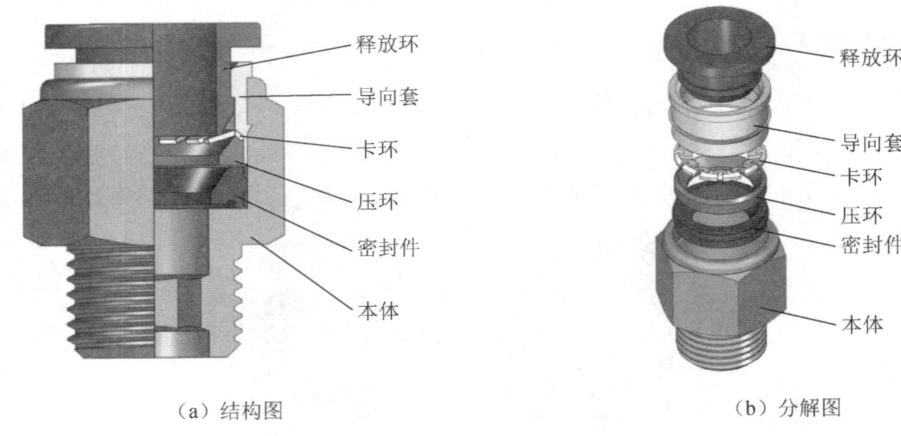

（a）结构图　　（b）分解图

图 5-23　软管接头的结构图和分解图

图 5-24 所示是软管接头的使用方法。连接时只需将气管一端对准软管接头用力插入即可，确保气管端面接触到气管止口。连接后注意不要旋转软管，也不要向外拽软管以试探是否连接牢固。分离时只需一只手用力压下软管接头的释放环，另一只手抓住气管用力拽出即可。缠绕密封材料时，左手握住管接头阀主体，右手沿顺时针方向缠绕，缠绕时密封材料距离端面要空出一个螺纹的距离，缠绕圈数视具体情况而定，一般缠绕 6～8 圈。

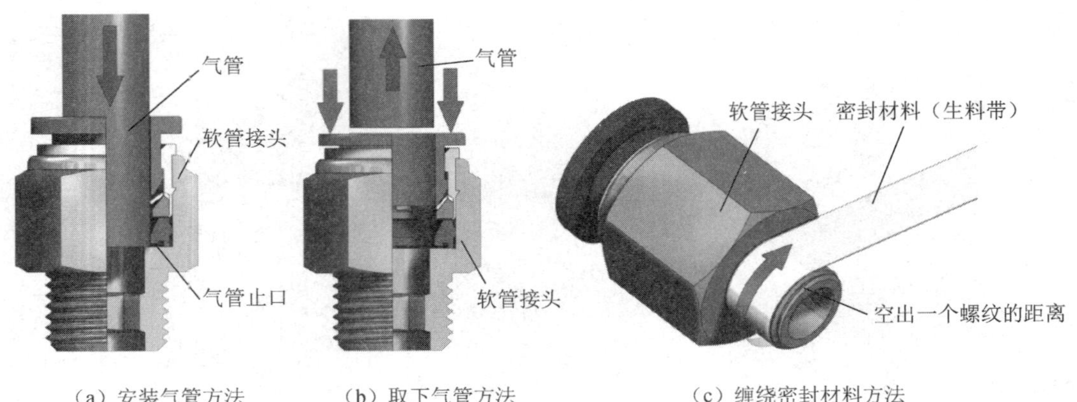

（a）安装气管方法　　（b）取下气管方法　　（c）缠绕密封材料方法

图 5-24　软管接头的使用方法

四、消声器

在执行元件完成动作后，压缩空气便经换向阀的排气口排入大气。由于压力较高，一般排气速度接近声速，空气急剧膨胀，引起气体振动，便产生了强烈的排气噪声。噪声的强弱与排气速度、排气量和排气通道的形状有关。

消声器可分为吸收型消声器[图 5-25（a）]、膨胀干涉型消声器[图 5-25（b）]和膨胀干涉吸收型消声器。

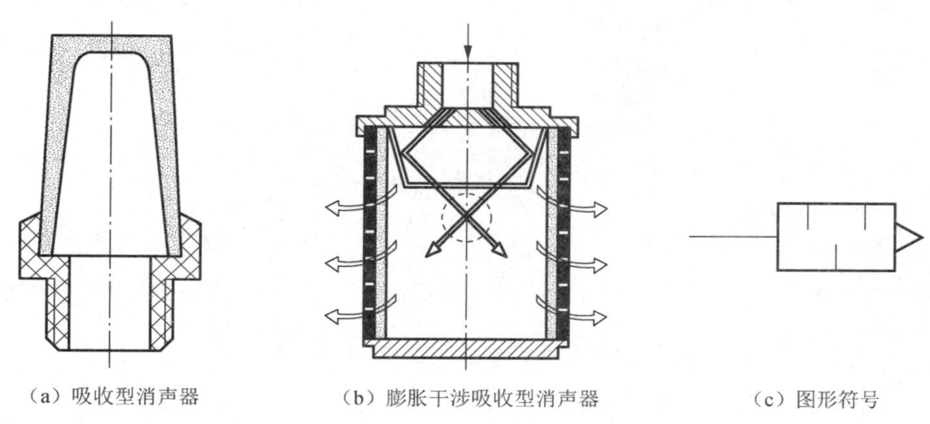

（a）吸收型消声器　（b）膨胀干涉吸收型消声器　（c）图形符号

图 5-25　消声器的结构和图形符号

图形符号识别技巧

- 图形符号中的矩形表示消声器的阀体。
- 矩形左方的横线表示排气管道，矩形右方的三角形表示排气口。
- 矩形内部的短竖线表示消声的材料和装置，具有消声作用。

吸收型消声器让压缩空气通过多孔的吸声材料吸收声音，靠气流流动摩擦生热，使气体的压力能部分转化为热能，从而减少排气噪声。吸收型消声器具有良好的消除中、高频噪声的性能。膨胀干涉吸收型消声器的直径比排气孔径大，气流在里面扩散、碰撞反射、互相干涉，减弱了噪声强度，最后从孔径较大的多孔外壳排入大气。它主要用于消除中、低频噪声。膨胀干涉吸收型消声器兼具以上二者的优点，消声效果特别好。

阀用消声器一般采用螺纹连接方式直接安装在阀的排气口上。通常在罩壳中设有消声件，并在罩壳上开有许多小孔或沟槽。罩壳材料一般为塑料、铝或黄铜等金属。消声件的材料通常为纤维、多孔塑料、金属烧结物或金属网状物等。

五、压力表

图 5-26 所示是压力表的实物图和图形符号，测定高于大气压力的压力仪表称为压力

表，其所指定的压力为表压力。测定真空压力的仪表称为真空压力表。测定两点压力之差的仪表称为压差表。

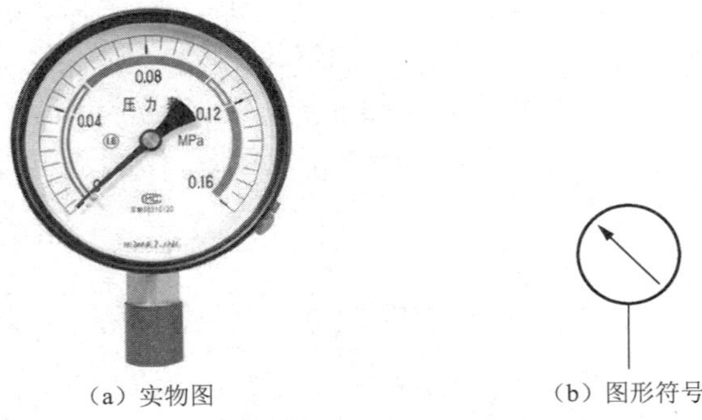

（a）实物图　（b）图形符号

图 5-26　压力表的实物图和图形符号

思考与练习

1．气动系统中使用的许多元件和装置都需要通过________进行润滑的。

2．消声器可分为________、________和________。

3．简述油雾器的工作原理，并画出其图形符号。

4．简单说明气动系统噪声大的原因，可采用哪些措施降低噪声？消声器的常用类型有哪些？

知识拓展

在气动装置中，控制部分的介质都是气体，但信号传感部分和执行部分的介质可能采用液体和电信号。这样各部分之间就需要能量转换装置——转换器。

1．气-电转换器

气-电转换器是利用气信号来接通或关断电路的装置。其输入是气信号，输出是电信号。按输入气信号的压力大小不同，气-电转换器可分为低压气-电转换器和高压气-电转换器。

图 5-27 所示是一种低压气-电转换器，其输入气压力小于 0.1MPa。平时阀芯 1 和焊片 4 是断开的，气信号输入后，膜片 2 向上弯曲，带动硬芯上移，与限位螺钉 3 导通，即与焊片导通。调节螺钉可以调节导通气压力的大小。这种气-电转换器一般用来给指示灯提供信号，指示气信号的有无。也可以将输出的电信号经过功率放大后带动电力执行机构运动。

2．电-气转换器

电-气转换器是将电信号转换成气信号的装置，其作用同小型电磁阀。

图 5-28 所示是一种低压电-气转换器，线圈 2 不通电时，由于弹性支承 1 的作用，衔铁 3 带动挡板 4 离开喷嘴 5。这样，从气源来的气体绝大部分从喷嘴排向大气，输出端无输出；当线圈通电时，将衔铁吸下，橡皮挡板封住喷嘴，气源的有压气体便从输出端输出。电磁铁的直流电压为 6 ~ 12V，电流为 0.1 ~ 0.14A；气源压力为 1 ~ 10kPa。

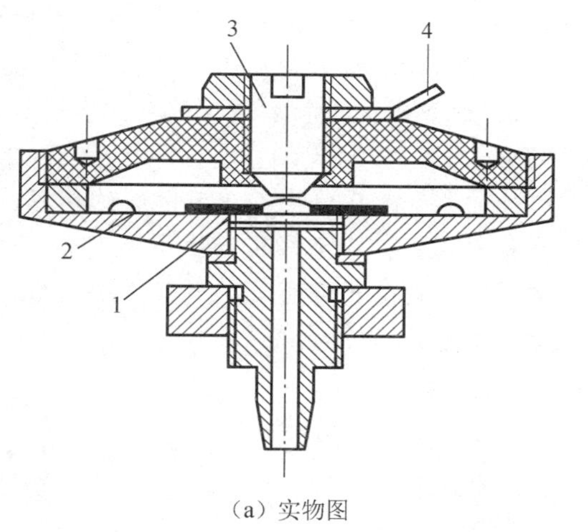

（a）实物图

（b）图形符号

图 5-27　气-电转换器的实物图和图形符号

1—阀芯；2—膜片；3—限位螺钉；4—焊片

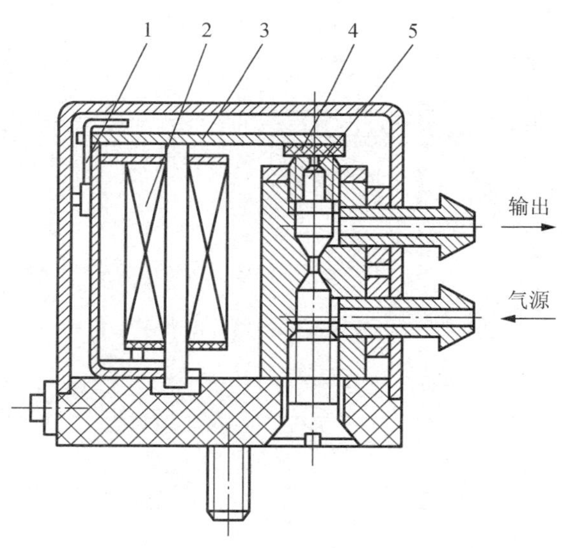

图 5-28　电-气转换器结构图

1—弹性支承；2—线圈；3—衔铁；4—挡板；5—喷嘴

3. 气-液转换器

气-液转换器是将空气压力转换成油压，且压力值不变的元件。

比较推动执行元件的有压力流体，使用气体比液体更方便，但空气有压缩性，不能得到匀速运动和低速（50mm/s 以下）平稳运动，中停时的精度不高。液体可压缩性小，但液压系统配管较困难，成本也高。使用气-液转换器，用气压力驱动气液联用缸动作，就避免了空气可压缩的缺陷，起动时和负载变动时，也能得到平稳的运动速度；低速动作时，也没有爬行问题。故气-液转换器较适合于精密稳速输送、中停、急速进给和旋转执行元件的慢速驱动等。

图 5-29 所示的气-液转换器是一个油面处于静压状态的垂直放置的油筒。上部接气源，下部可与液压缸相连。为了防止空气混入油中造成传动的不稳定性，在进气口和出油口都安装有缓冲板 2。进气口缓冲板还可防止空气流入时产生冷凝水，防止排气时流出油沫。浮子 4 可防止油、气直接接触，避免空气混入油中。

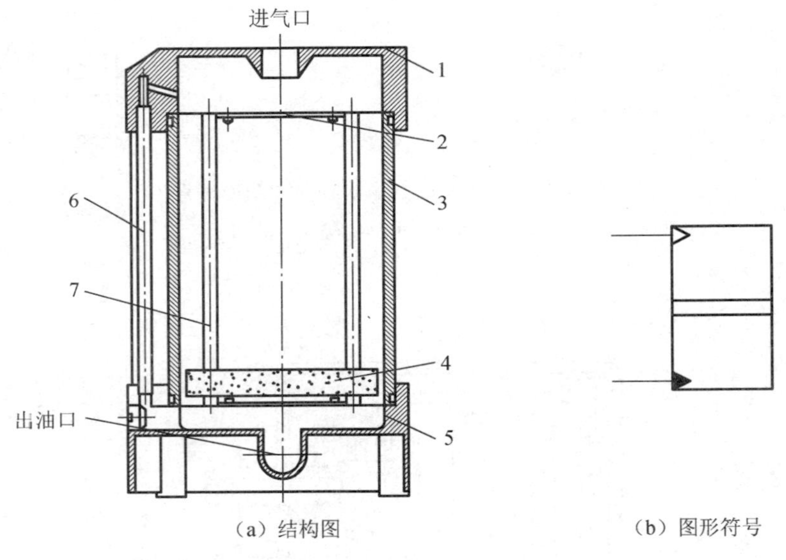

（a）结构图　　（b）图形符号

图 5-29　气-液转换器的结构图和图形符号

1—头盖；2—缓冲板；3—筒体；4—浮子；5—下盖；6—油位计；7—拉杆

课题六

安装与调试安全保护回路

在气压传动中，气动执行元件的过载、气压的突然降低及气动执行机构的快速动作等情况都可能危及操作人员或设备的安全。因此在气动回路中，常常要加入安全回路，以防止对操作人员及设备造成伤害和破坏。

知识目标

- 了解气动元件的结构特点、工作原理和应用。
- 掌握识读安全保护回路图的方法。
- 了解安全保护回路的工作原理。

能力目标

- 能看懂安全保护回路图。
- 能选用各类气动元件并安装安全保护回路。
- 能调试回路并解决出现的问题。
- 在任务过程中能按照 5S 要求进行现场管理。

模块一　安装与调试剪板机回路

任务引入

图 6-1 所示为某企业加工车间的剪板机，如果剪板机采用单手操作，操作者一只手拿板材，另一只手操作起动按钮，很容易出现工伤事故。故剪板机采用双手操作，使用时先把板材放到合适的位置，然后双手同时按下两个起动按钮，气缸活塞杆伸出带动刀具进行剪板动作；松开按钮，气缸活塞杆返回带动刀具复位。

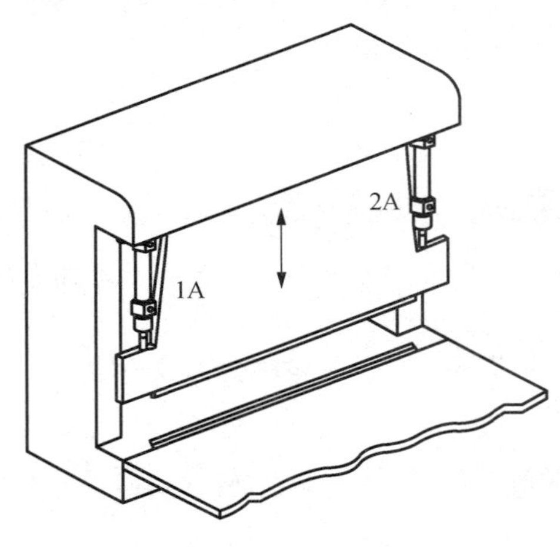

图 6-1　剪板机

任务布置

识读剪板机回路原理图，认识新气动元件，了解本次任务可能遇到的安全问题；选择合适的气动元件安装回路并调试，解决调试过程中出现的问题，最后对任务实施过程进行评定和检验，完成课后习题，并由个人、小组和教师分别对任务进行总结评价，填写任务评价表。

任务实施

一、识读剪板机回路图

如图 6-2 所示，剪板机回路工作原理如下：气源 1 为系统提供压缩空气，压缩空气

进入气动三联件 2，气动三联件对压缩空气进行净化、调压和润滑处理。初始状态下，气源输出的压缩空气通过二位五通按钮式换向阀 3、4 进入气室 5，气室 5 内存有压缩空气，二位五通单气控换向阀 7 的控制口无压缩空气，双作用气缸 8 处于缩回状态。同时按下阀 3、4，气室 5 内的压缩空气经过节流阀 6 延时进入阀 7 的控制口，所以双作用气缸 8 活塞杆延时伸出。如果双手不同时按下阀 3、4，或因其中任一个手动阀弹簧折断不能复位，气室 5 中的压缩空气都将通过阀 3 的排气口排空，不足以建立起控制压力，因此阀 7 不能被换向，双作用气缸 8 活塞杆也不能伸出。所以此回路较为安全。

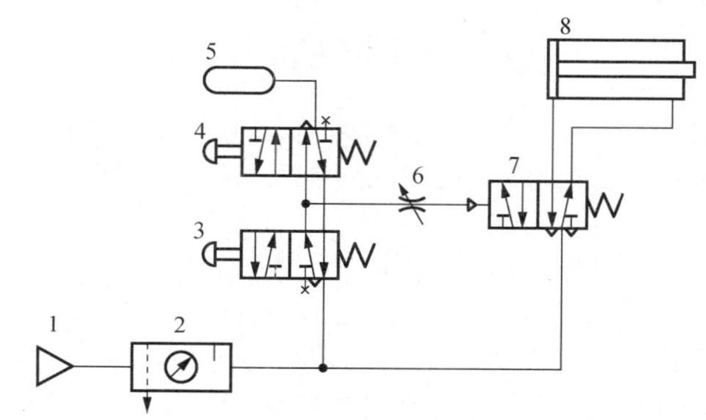

图 6-2　剪板机回路图

1—气源；2—气动三联件；3，4—二位五通按钮式换向阀；5—气室；6—节流阀；7—二位五通单气控换向阀；8—双作用气缸

二、安装剪板机回路

根据气动回路图从气动元件库中选取适合本次任务的气动元件，按照压缩空气的流向安装回路。

参考安装方法（参考图 6-2 所示）：首先用气管从气源 1 的出气口连接到气动三联件 2 进气口（P 口），再用气管从气动三联件 2 的出口（A 口）通过三通接头分成两路：第一路先连接到换向阀 3、4 和气室 5，再用气管和三通接头把换向阀 3、4 经过节流阀 6 连接到换向阀 7 的控制口；第二路连接到换向阀 7 的进气口（P 口），最后用两根气管把换向阀 7 的两个出气口和气缸 8 连接起来。因换向阀 3、4 的连接方法不符合常规，故连接时注意按照回路图连接。

三、调试剪板机回路

调试剪板机回路的注意事项如下。

1）检查各个接口是否连接安全。

2）打开气源，调节调压阀的调节旋钮，使气压为 0.3～0.4MPa。

3）打开空气调压器上面连接的旋钮开关，让系统回路通气。

4）检查通气后所有气缸能否回到要求的初始位置。

5）观察是否有漏气现象，若漏气，则关闭气源，查找漏气原因并排除。

6）按照剪板机回路工作原理进行实验，调节气缸运动速度，使气缸运动平稳，无振动和冲击。

7）动作可靠，且伸缩速度基本保持一致。观察结果，看是否达到预期效果。

四、故障设置及排除

1. 故障设置

由小组成员或教师设置 1～3 处气路故障，如不能起动、气缸伸出或缩回太快不能调节、气缸不能伸出或不能返回等。设置气路不通可采用用透明胶挡住气管、改变进出气口等方法。

常见故障原因如下（参考图 6-2 所示）。

1）气缸的初始状态不对，原因可能是：①换向阀 3 的进、出气口连接错误；②换向阀 4 的进、出气口连接错误；③换向阀 7 的进、出气口连接错误。

2）气缸不能正常运行，原因有：①气源 1 不能正常提供压缩空气；②气动三联件 2 中减压阀调节压力过低；③换向阀 3、4 的进、出气口连接错误；④换向阀 7 的进、出气口或控制口连接错误；⑤节流阀 6 处于截止状态。

2. 观察故障现象并分析故障原因

根据故障现象和排除情况，完成表 6-1 的填写。

表 6-1　故障检测表

故障序号	故障现象	分析原因	查找步骤	故障点
1				
2				
3				

3. 排除故障

根据现象分析和查找故障点并逐一排查，恢复系统功能并调试好系统。

4. 注意事项

1）在设置故障和排除故障时，必须在关闭气源的状态下进行。

2）决不允许在通气状态下插拔气管。

3）在检查回路时，发生漏气现象要及时关闭气源。

4）在排查故障时，不能扩大故障点，不能损坏元件。

5）完成故障排除后，及时关闭气源，拆下管路和元件，放回原位。

任务评价

表 6-2 是任务评价表，任务实施后，完成任务评价表的填写。

表 6-2　任务评价表

班级		姓名	任务名称		
序号	步骤	要求	评分标准	配分	得分
1	识读气动回路图	能否正确绘制回路图	每错一处扣 2 分	22 分	
		能否识别气动元件			
		能否读懂回路图			
2	安装	能否正确选择元件	每项 6 分，根据情况酌情扣分	30 分	
		元件布局是否合理			
		能否正确连接元件			
		接头连接是否可靠			
		整体安装是否美观、合理			
3	调试	通气前各阀是否处于正确位置	每项 7 分，根据情况酌情扣分	28 分	
		调试方法是否正确			
		调试过程是否正确			
		停气后各元件是否处于正确位置			
4	安全文明 5S 考核	安全操作	每项 10 分	20 分	
		操作过程中工位是否符合 5S 要求			
总分				100 分	

相关知识

一、双手操作回路

所谓双手操作回路就是使用了两个手动阀来起动，只有同时按动这两个阀才动作的回路。这在锻压、冲压设备中常用来避免误动作，以保护操作者的安全及设备的正常工作。

在图 6-3 所示的双手操作回路中，需要双手同时按下手动阀，才能切换主阀，气缸活塞才能下落并锻、冲工件。实际上给主阀的控制信号相当于阀 1、2 相“与”的信号。如阀 1（或 2）的弹簧折断不能复位，此时单独按下一个手动阀，气缸活塞也可以下落，所以此回路并不安全。

相比双手操作回路，剪板机回路安全性更好。

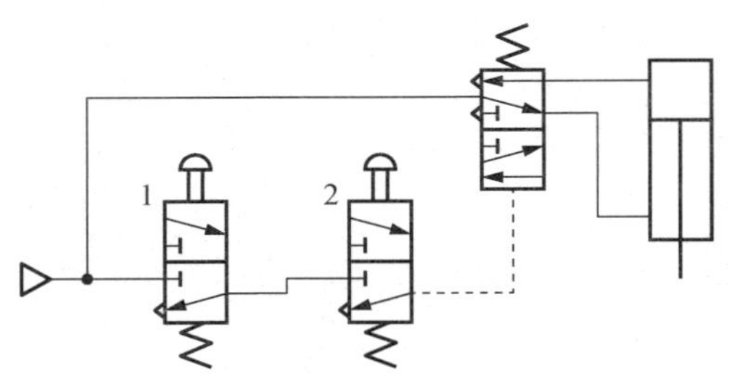

图 6-3　双手操作回路

二、过载保护回路

当活塞杆在伸出途中遇到故障或其他原因使气缸过载时，活塞能自动返回的回路，称为过载保护回路。

图 6-4 所示为过载保护回路，按下手动换向阀 1，使二位五通换向阀 2 处于左位，活塞右移前进，正常运行时，挡块压下行程阀 5 后，活塞自动返回；当活塞运行中途遇到障碍物 6 时，气缸左腔压力升高超过预定值时，顺序阀 3 打开，控制气体可经梭阀 4 将主控阀切换至右位（图示位置），使活塞缩回，气缸左腔压缩空气经阀 2 排掉，可以防止系统过载。

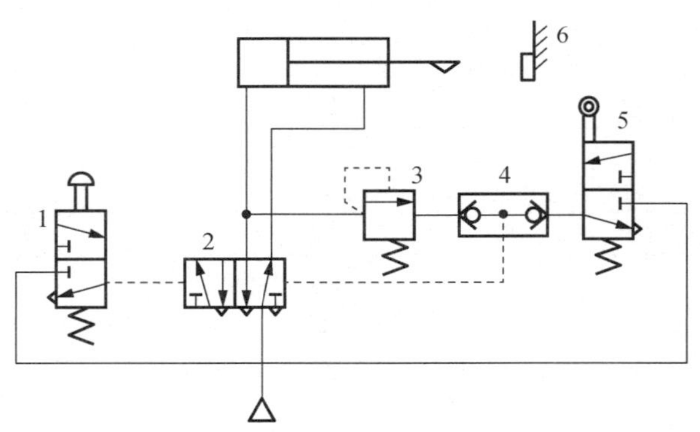

图 6-4　过载保护回路

1—手动换向阀；2—二位五通换向阀；3—顺序阀；4—梭阀；5—行程阀；6—障碍物

思考与练习

1．在气动系统中，加入安全回路的目的是保证________的安全。

2．在剪板机气动回路中，气室起到________作用。

3．比较图 6-2 所示的剪板机回路和图 6-3 所示的双手操作回路，哪种安全性更好，为什么？

知识拓展

气动马达是将压缩空气能量转换成连续回转运动机械能的气动执行元件。按结构不同，气动马达可分成叶片式、活塞式、齿轮式等。

1. 叶片式气动马达

如图 6-5 所示，叶片式气动马达主要由定子、转子、叶片及壳体构成。它一般有 3 ~ 10 个叶片。定子上有进排气槽孔，转子上铣有径向长槽，槽内装有叶片。定子两端有密封盖，密封盖上有弧形槽与两个进排气孔及叶片底部相连通。转子与定子偏心安装。这样，由转子外表面、定子的内表面、相邻两叶片及两端密封盖形成了若干个密封工作空间。当压缩空气由 A 输入后，分成两路：一路压缩空气经定子两面密封盖的弧形槽进入叶片底部，将叶片推出。叶片就是靠此压力及转子转动时的离心力的综合作用而紧密地抵在定子内壁上的。另一路压缩空气经 A 孔进入相应的密封工作空间，作用在叶片上。由于前后两叶片伸出长度不一样，作用面积也就不相等，作用在两叶片上的转矩大小也不一样，且方向相反，因此转子在两叶片的转矩差的作用下，按逆时针方向旋转。做功后的气体由定子排气孔 B 排出。反之，当压缩空气由 B 孔输入时，就产生顺时针方向的转矩差，使转子按顺时针方向旋转。

(a) 实物图

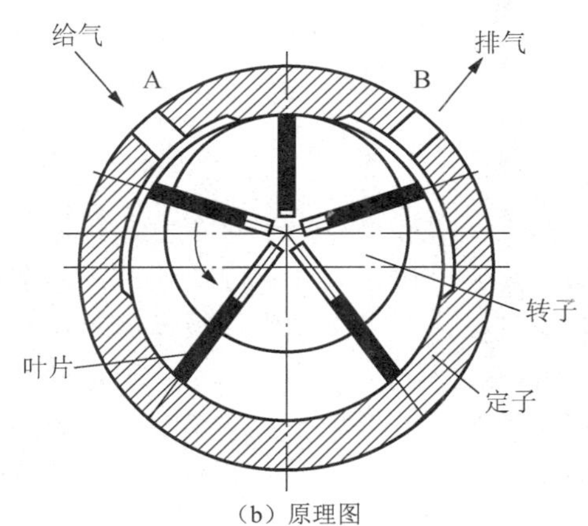

(b) 原理图

图 6-5　叶片式气动马达

叶片式气动马达一般在中小容量及高速回转的条件下使用，其耗气量比活塞式大，体积小，质量轻，结构简单。其输出功率为 0.1 ~ 20kW，转速为 500 ~ 25000r/min。另外，叶片式气动马达起动及低速运转时的性能不好，转速低于 500r/min 时必须配用减速机构。叶片式气动马达主要用于矿山机械和气动工具中。

2. 活塞式气动马达

活塞式气动马达是一种通过曲柄或斜盘将若干个活塞的直线运动转变为回转运动的气动马达。图 6-6 所示为径向活塞式气动马达及其结构原理图。其工作室由缸体和活塞构成。3 ~ 6 个气缸围绕曲轴呈放射状分布，每个气缸通过连杆与曲轴相连。压缩空气通过分配阀向各气缸顺序供气，压缩空气推动活塞运动，带动曲轴转动。当压缩空气分配阀转到某角度时，气缸内的余气经排气口排出。改变进、排气方向，可实现气动马达的正反转换向。

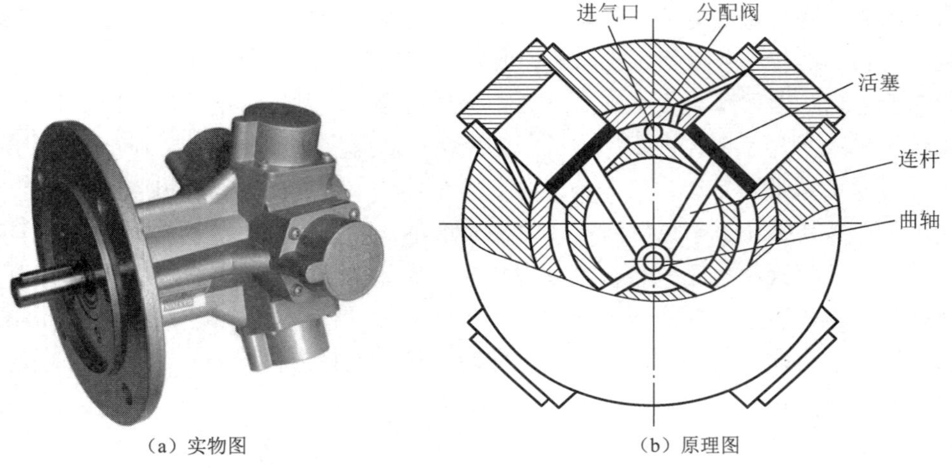

（a）实物图　（b）原理图

图 6-6　活塞式气动马达

活塞式气动马达适用于转速低、转矩大的场合。其耗气量不小，且构成零件多，价格高。其输出功率为 0.2 ~ 20kW，转速为 200 ~ 4500r/min。活塞式气动马达主要应用于矿山机械，也可用作传送带等的驱动马达。

3. 齿轮式气动马达

图 6-7 所示为齿轮式气动马达的实物图和结构原理图。这种气动马达的工作室由一对齿轮构成，压缩空气由对称中心处输入，齿轮在压力的作用下回转。采用直齿轮的气动马达可以正反转动，但供给的压缩空气通过齿轮时不膨胀，因此效率低；当采用人字齿轮或斜齿轮时，压缩空气膨胀 60% ~ 70%，提高了效率，但不能正反转。

齿轮式气动马达与其他类型的气动马达相比，具有体积小、质量轻、结构简单、对气源质量要求低、耐冲击及惯性小等优点，但转矩脉动较大，效率较低。小型气动马达转速能高达 10000r/min；大型气动马达转速能达到 1000r/min，功率可达 50kW。齿轮式气动马达主要用于矿山开采。

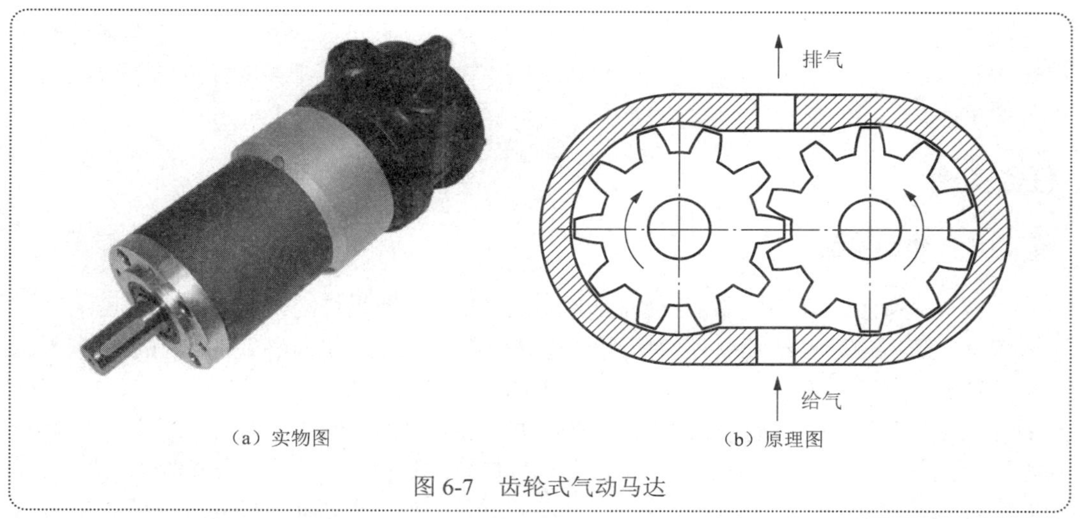

（a）实物图　　（b）原理图

图 6-7　齿轮式气动马达

模块二　安装与调试互锁回路

任务引入

图 6-8 所示为某企业一台具有互锁功能的气动设备，该设备有三个开关分别控制三个气缸的动作，工作时，三个气缸相互制约，同一时间内只有一个气缸的活塞杆动作，如先按下气缸 1A 的按钮，气缸 1A 的活塞杆伸出，此时再按下气缸 2A（或气缸 3A）的按钮，气缸 2A（或气缸 3A）的活塞杆不会伸出。只有松开先按下的按钮，该按钮控制的气缸活塞杆缩回，再按下其他按钮，该按钮控制的气缸活塞杆才能伸出。

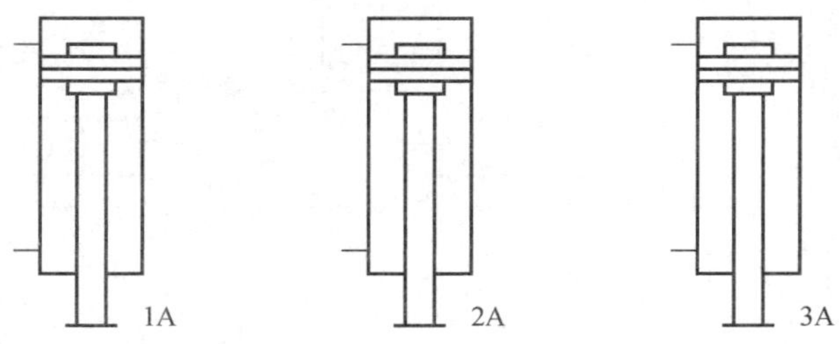

图 6-8　具有互锁功能气动设备

任务布置

识读互锁回路原理图，认识新气动元件，了解本次任务可能遇到的安全问题；选择合适的气动元件安装回路并调试，解决调试过程中出现的问题，最后对任务实施过程进行评定和检验，完成课后习题，并由个人、小组和教师分别对任务进行总结评价，填写任务评价表。

任务实施

一、识读互锁回路图

如图 6-9 所示，互锁回路的工作原理如下：气源 1 为系统提供压缩空气，压缩空气进入气动三联件 2，气动三联件对压缩空气进行净化、调压和润滑处理。初始状态下，二位五通双气控带复位功能换向阀 6、7、8 都处在右位，双作用气缸 12、13、14 都处于缩回状态。按下二位三通按钮式换向阀 3，阀 6 左位工作，双作用气缸 12 活塞杆伸出，同时压缩空气分别经或门型梭阀 9 到达阀 7 的右侧控制口、经过或门型梭阀 10 到达阀 8 的右侧进气口，把阀 7、8 锁住。此时，按下二位三通按钮式换向阀 4 或二位三通按钮式换向阀 5 的按钮，阀 7、8 不会动作，气缸 13 和 14 的活塞杆不能伸出。同理，按下阀 4 的按钮，气缸 13 的活塞杆伸出，此时再按下阀 3 和阀 5 的按钮，气缸 12 和气缸 14 的活塞杆不会伸出；按下阀 5 的按钮，气缸 14 的活塞杆伸出，此时再按下阀 3 和阀 4 的按钮，气缸 12 和气缸 14 的活塞杆不会伸出。只有松开先按下的按钮，该按钮控制的气缸活塞杆缩回，再按下其他按钮，该按钮控制的气缸活塞杆才能伸出。所以，互锁回路的作用是防止各缸的活塞杆同时动作，保证同一时间内只有一个活塞杆动作。

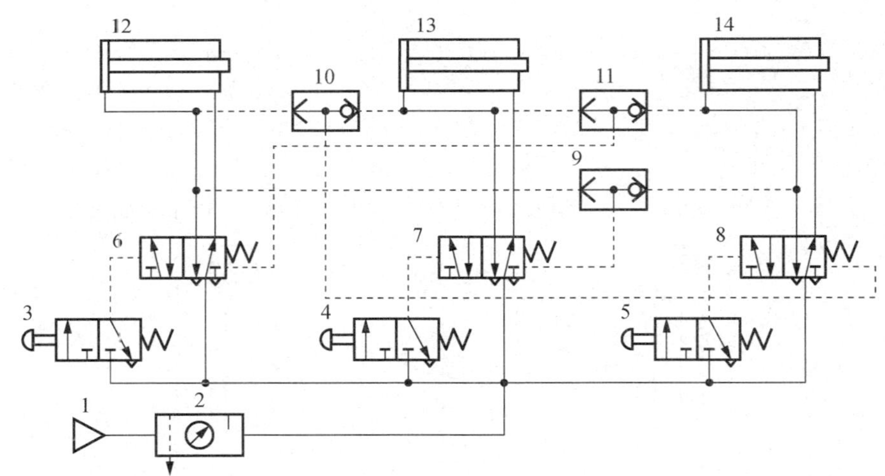

图 6-9　互锁回路

1—气源；2—气动三联件；3，4，5—二位三通按钮式换向阀；6，7，8—二位五通双气控带复位功能换向阀；9，10，11—或门型梭阀阀；12，13，14—双作用气缸

二、安装互锁回路

根据气动回路图从气动元件库中选取适合本次任务的气动元件，按照压缩空气的流向安装回路。

参考安装方法（参考图 6-9 所示）：首先用气管从气源 1 的出气口连接到气动三联件 2 的进气口（P 口），再用气管从气动三联件 2 的出口（A 口）通过三通接头分成六路：分别连接到二位三通按钮式换向阀 3、4、5 的进气口和二位五通双气控带复位功能换向阀 6、7、8 的进气口，再用气管分别把阀 3、4、5 的出气口和阀 6、7、8 的无弹簧一侧的控制口连接起来；阀 6、7、8 有弹簧一侧的控制口分别用气管和或门型梭阀 9、10、11 的出气口进行连接；阀 6 远离弹簧的出口通过四通接头分别连接到气缸 12 的无杆腔和阀 9、10 的一个进气口，阀 7 远离弹簧的出口通过四通接头分别连接到双作用气缸 13 的无杆腔和阀 10、11 的一个进气口，阀 8 远离弹簧的出口通过四通接头分别连接到双作用气缸 14 的无杆腔和阀 9、11 的一个进气口；最后用三根气管分别把阀 6、7、8 靠近弹簧的出气口和双作用气缸 12、13、14 的有杆腔连接起来。

三、调试剪板机回路

调试剪板机回路的注意事项如下。

1）检查各个接口是否连接安全。

2）打开气源，调节调压阀的调节旋钮，使气压为 0.3～0.4MPa。

3）打开空气调压器上面连接的旋钮开关，让系统回路通气。

4）检查通气后所有气缸能否回到任务要求的初始位置。

5）观察是否有漏气现象，若漏气，则关闭气源，查找漏气原因并排除。

6）按照互锁回路工作原理进行实验，调节气缸运动速度，使气缸运动平稳，无振动和冲击。

7）动作可靠，且伸缩速度基本保持一致。观察结果，看是否达到预期效果。

四、故障设置及排除

1. 故障设置

由小组成员或教师设置 1～3 处气路故障，如不能起动、气缸伸出或缩回太快不能调节、气缸不能伸出或不能返回等。设置气路不通可采用用透明胶挡住气管、改变进出气口等方法。

常见故障原因如下（参考图 6-9 所示）。

1）气缸的初始状态不对，原因可能是：①换向阀 3、4、5 出气口气管是否接对；②二位五通双气控换向阀初始位置是否符合要求；③手动换向按钮是否被按下锁紧。

2）气缸不能正常运行，原因有：①按钮接线有误，是否将常开触点接成了常闭触点；②换向阀阀芯是否损坏或卡死；③气缸活塞杆伸出后行程开关是否被碰压到；④单向节流阀进、出气口是否接错或者节流阀完全截止。

2. 观察故障现象并分析故障原因

根据故障现象和排除情况，完成表6-3的填写。

表6-3 故障检测表

故障序号	故障现象	分析原因	查找步骤	故障点
1				
2				
3				

3. 排除故障

根据现象分析和查找故障点并逐一排查，恢复系统功能并调试好系统。

4. 注意事项

1）在设置故障和排除故障时，必须在关闭气源的状态下进行。
2）决不允许在通气状态下插拔气管。
3）在检查回路时，发生漏气现象要及时关闭气源。
4）在排查故障时，不能扩大故障点，不能损坏元件。
5）完成故障排除后，及时关闭气源，拆下管路和元件，放回原位。

任务评价

表6-4是任务评价表，任务实施后，完成任务评价表的填写。

表6-4 任务评价表

班级		姓名	任务名称		
序号	步骤	要求	评分标准	配分	得分
1	识读气动回路图	能否正确绘制回路图	每错一处扣2分	22分	
		能否识别气动元件			
		能否读懂回路图			
2	安装	能否正确选择元件	每项6分，根据情况酌情扣分	30分	
		元件布局是否合理			
		能否正确连接元件			
		接头连接是否可靠			
		整体安装是否美观、合理			
3	调试	通气前各阀是否处于正确位置	每项7分，根据情况酌情扣分	28分	
		调试方法是否正确			
		调试过程是否正确			
		停气后各元件是否处于正确位置			

续表

班级		姓名		任务名称		
序号	步骤	要求		评分标准	配分	得分
4	安全文明 5S 考核	安全操作 操作过程中工位是否符合 5S 要求		每项 10 分	20 分	
总分					100 分	

相关知识

一、防止起动冲出回路

在进行气动系统设计时，应充分考虑气缸起动时的安全问题。当气缸有杆腔的压力为大气压时，气缸在起动时容易发生起动冲出现象，造成设备的损坏。

图 6-10（a）所示为采用进气节流调速的防止起动冲出回路。当五通电磁阀 1 断电时，气缸两腔都泄压；起动时，利用节流阀 3 的进口节流调速功能来防止起动冲出。由于进口节流调速的调速特性较差，因此在气缸的出气口侧还串联了一个出气口节流阀 2，用来改善起动后的调速特性。需要注意进气口节流阀 3 和出气口节流阀 2 的安装顺序，进气口节流阀 3 应靠近气缸。

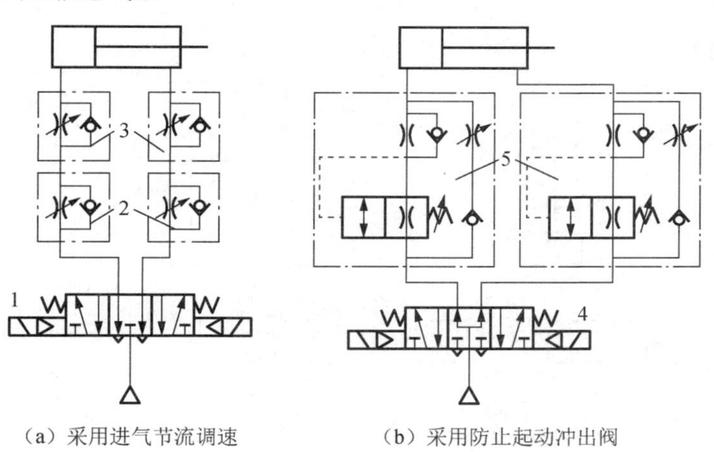

（a）采用进气节流调速　　（b）采用防止起动冲出阀

图 6-10　防止起动冲出回路

1—五通电磁阀；2，3—节流阀；4—三位五通电磁阀；5—复合速度控制阀

由于进气节流调速的调速特性较差，因此希望在气缸起动后，完全消除进口节流调速阀的影响，只使用出气口节流来进行速度控制。专用的防止起动冲出阀就是为此而开发出来的。

图 6-10（b）所示为采用了防止起动冲出阀（即复合速度控制阀 5）的防止起动冲

出回路。此回路在正常驱动时为出气节流调速，但在气缸内没有压力的状态下起动时将切换为进气节流调速，以达到防止起动冲出的目的。

例如，当三位五通电磁阀 4 左端电磁铁通电后，复合速度控制阀 5 中的二通阀处于右位，压缩空气经固定节流口向气缸无杆腔供气，气缸活塞杆低速伸出，当气缸无杆腔压力达到一定值时，二通阀切换到左位，变为正常的出气节流速度控制。

二、防止下落回路

气缸在垂直使用且带有负载的场合如果突然停电或停气，气缸将会在负载重力的作用下伸出，为了保证安全，通常应考虑加设防止下落机构。

图 6-11（a）所示为采用了两个二位二通气控阀的防止下落回路。当三位五通电磁阀 1 左端电磁铁通电时，压缩空气经梭阀 2 作用在两个二位二通气控阀 3 上，使它们换向，气缸向下运动。同理，当电磁阀右端电磁铁通电时，气缸向上运动。当电磁阀不通电时，加在二位二通气控阀 3 上的气控信号消失，二位二通气控阀复位，气缸两腔的气体被封闭，气缸保持在原位置。

图 6-11（b）所示为采用气控单向阀的防止下落回路。当三位五通电磁阀左端电磁铁通电后，压缩空气一路进入气缸无杆腔，另一路将右侧的气控单向阀打开，使气缸有杆腔的气体经由单向阀排出。当电磁阀不通电时，加在气控单向阀上的气控信号消失，气缸两腔的气体被封闭，气缸保持在原位置。

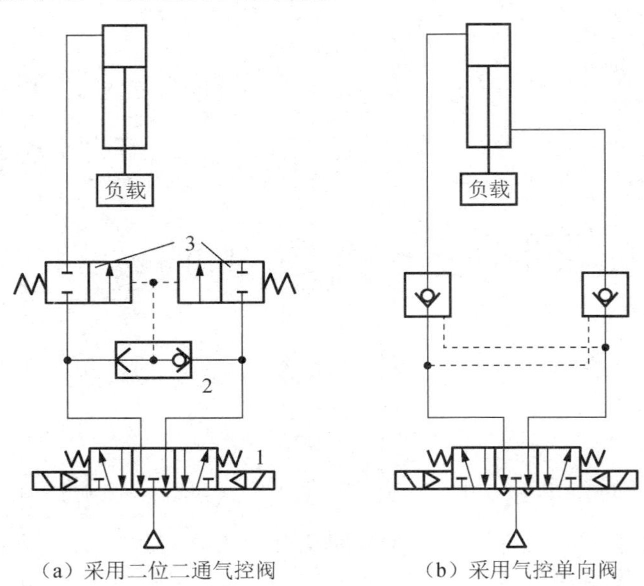

（a）采用二位二通气控阀　（b）采用气控单向阀

图 6-11　防止下落回路

1—三位五通电磁阀；2—梭阀；3—二位二通气控阀

三、残余气体排出回路

气动系统工作停止后，在系统内残留一定量的压缩空气，这对系统的维护将造成很多不便，严重时可能发生伤人事故。

图 6-12（a）所示为采用三通残压排放阀的回路，在系统维修或气缸动作异常时，气缸内的压缩空气经三通阀排出，气缸在外力的作用下可以任意移动。

图 6-12（b）所示为采用节流排放阀的回路。当系统不工作时，三位五通阀处于中位，将节流阀打开，气缸两腔的压缩空气经梭阀和节流阀排出。

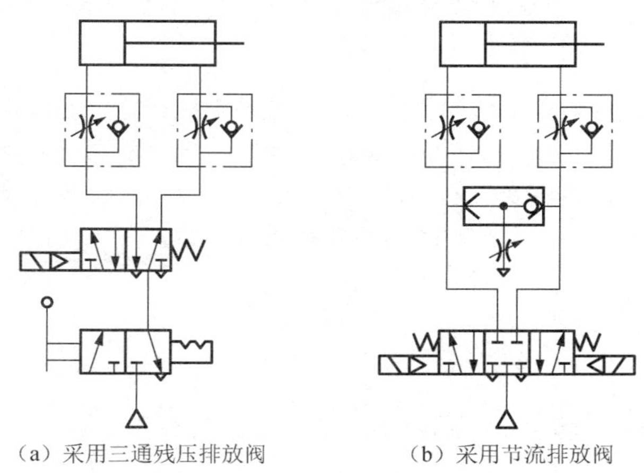

（a）采用三通残压排放阀　　（b）采用节流排放阀

图 6-12　残余气体排出回路

思考与练习

1．防止起动冲出回路可采用________或________实现。

2．互锁回路的作用是什么？

3．防止下落回路可以采用哪些方式实现？各有什么特点？

课题七

安装与调试多缸动作回路

在较复杂机器设备的气压传动系统中，仅靠单个执行元件无法满足需求，此时往往需要两个甚至多个执行元件互相协调、配合才能达到使用要求。各执行元件会因为回路中的压力、流量的变化而相互影响干扰，可以通过压力、流量和行程控制来实现多个执行元件的预定动作的要求，这种回路称为多缸动作回路。多缸动作回路包括顺序动作回路和同步动作回路。

知识目标

- 了解气动元件的结构特点、工作原理和应用。
- 掌握识读多缸动作回路图的方法。
- 了解多缸动作回路的工作原理。

能力目标

- 能看懂多缸动作回路图。
- 能选用各类气动元件并安装多缸动作回路。
- 能调试回路并解决出现的问题。
- 在任务过程中能按照5S要求进行现场管理。

模块一　安装与调试自动打印机回路

任务引入

图 7-1 所示为某企业的自动打印机，工作过程如下：按下起动按钮，推料夹紧缸活塞杆伸出，把位于料仓最底部的工件推到设定位置并夹紧工件，此时冲压缸活塞杆伸出，利用冲头打印标记，打印完成后待冲压缸活塞杆返回原位后，推料夹紧缸活塞杆再复位。

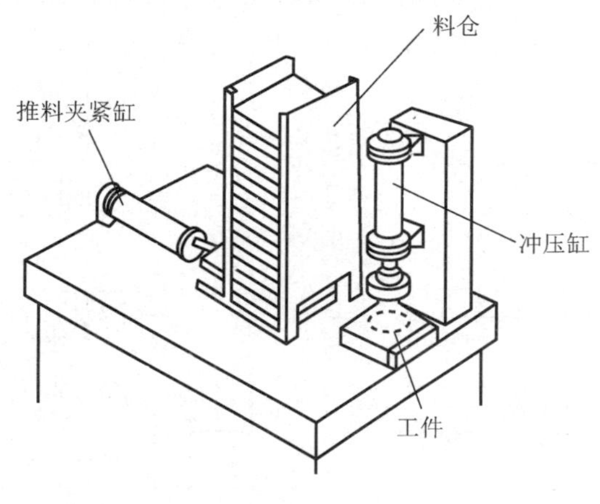

图 7-1　自动打印机

任务布置

识读自动打印机回路原理图，认识新气动元件，了解本次任务可能遇到的安全问题；选择合适的气动元件安装回路并调试，解决调试过程中出现的问题，最后对任务实施过程进行评定和检验，完成课后习题，并由个人、小组和教师分别对任务进行总结评价，填写任务评价表。

任务实施

一、识读自动打印机回路图

如图 7-2 所示，自动打印机回路的工作原理如下：气源 1 为系统提供压缩空气，初始状态下二位五通双气控换向阀 3、4、5 都处于右位，双作用气缸 10、11 都处于缩回状态，活塞杆头部挡铁分别压下二位三通滚轮式换向阀 6、7 的滚轮，阀 6、7 处于压下状态。按下二位三通按钮式换向阀 2 并松开，压缩空气经过阀 2、6 到达阀 3 的左侧控制口，推动阀 3 阀芯向右运动，左位工作，压缩空气到达阀 4 的左侧控制口，推动阀 4 阀芯向右运动，左位工作，双作用气缸 10 活塞杆伸出，挡铁离开阀 6，阀 6 复位，当伸出到最右端压下阀 7，阀 5 左位工作，双作用气缸 11 活塞杆伸出，挡铁离开二位三通滚轮式换向阀 8，阀 8 复位，当伸出到最右端压下二位三通滚轮式换向阀 9，压缩空气经过阀 9 到达阀 3 的右侧控制口，推动阀 3 阀芯向左运动，右位工作，压缩空气到达阀 5 的右侧控制口，推动阀 5 阀芯向左运动，右位工作，双作用气缸 11 活塞杆缩回，挡铁离开阀 9，阀 9 复位，当缩回到最左端压下阀 8，压缩空气经过阀 8 到达阀 4 的右侧控制口，双作用气缸 10 活塞杆缩回，挡铁离开阀 7，阀 7 复位，当缩回到最左端压下阀 6，至此，一个循环结束。两个气缸的动作顺序为 10 伸出→11 伸出→11 缩回→10 缩回并停止。若按钮式换向阀 2 保持压下状态，则两个气缸按 10 伸出→11 伸出→11 缩回→10 缩回→10 伸出→……循环。

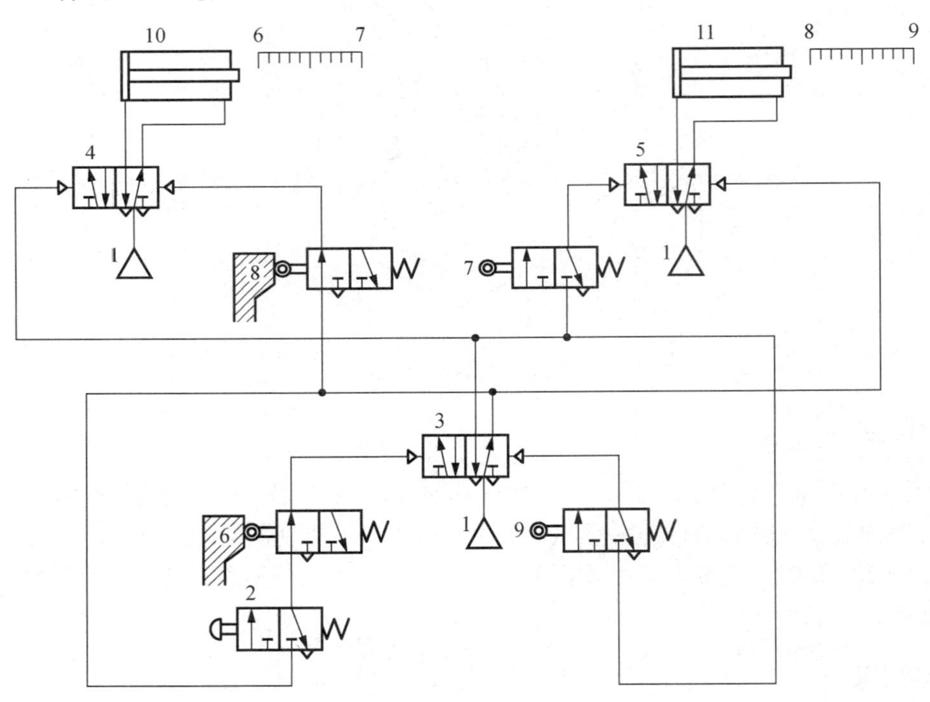

图 7-2　自动打印机回路图

1—气源；2—二位三通按钮式换向阀；3，4，5—二位五通双气控换向阀；
6，7，8，9—二位三通滚轮式换向阀；10，11—双作用气缸

二、安装自动打印机回路

根据气动回路图从气动元件库中选取适合本次任务的气动元件，在控制板上合理摆放各气动元件，可参照回路图位置摆放，注意保持各元件间的距离大小，不要影响后续安装管路，气动元件放置完毕后按照压缩空气的流向安装管路。

安装参考方法（参考图 7-2 所示）：首先用四通接头将气源分成三路，分别连接到二位五通双气控换向阀 3、4、5 的进气口；接着用四通接头将阀 3 左侧的出气口分成三路，分别连接到阀 4 左侧的控制口、二位三通滚轮式换向阀 7 的进气口、二位三通滚轮式换向阀 9 的进气口，再连接阀 7 的出气口到阀 5 的左侧控制口，连接阀 9 的出气口到阀 3 的右侧控制口；再用四通接头将阀 3 右侧的出气口分成三路，分别连接到阀 5 右侧的控制口、二位三通按钮式换向阀 2 的进气口、二位三通滚轮式换向阀 8 的进气口，再连接阀 2 的出气口到二位三通滚轮式换向阀 6 的进气口，连接阀 6 的出气口到阀 3 的左侧控制口，连接阀 8 的出气口到阀 4 的右侧控制口；最后把阀 4 的出气口和双作用气缸 10 连接起来，把阀 5 的出气口和双作用气缸 11 连接起来。

三、调试自动打印机回路

调试自动打印机回路注意事项如下。

1）检查各个接口是否连接安全。

2）打开气源，调节调压阀的调节旋钮，使气压为 0.3～0.4MPa。

3）打开空气调压器上面连接的旋钮开关，让系统回路通气。

4）检查通气后所有气缸能否回到任务要求的初始位置。

5）观察是否有漏气现象，若漏气，则关闭气源，查找漏气原因并排除。

6）按照自动打印机回路工作原理进行实验，调节气缸运动速度，使气缸运动平稳，无振动和冲击。

7）动作可靠，且伸缩速度基本保持一致。观察结果，看是否达到预期效果。

四、故障设置及排除

1. 故障设置

由小组成员或教师设置 1～3 处气路故障，如不能起动、气缸伸出或缩回太快不能调节、气缸不能伸出或不能返回等。设置气路不通可采用用透明胶挡住气管、改变进出气口等方法。

常见故障原因如下（参考图 7-2 所示）：

1）气缸的初始状态不对，原因可能是：①换向阀 3、4、5 的连接存在错误；②换向阀 6、7、8、9 的连接存在错误；③换向阀 2 的进、出气口连接错误。

2）气缸不能正常运行，原因有：①气源 1 不能正常提供压缩空气；②换向阀 3、4、

5 的进气口或控制口连接错误；③换向阀 6、7、8、9 的进、出气口或控制口连接错误；④换向阀 6、7、8、9 的位置出现错误。

2. 观察故障现象，分析故障原因

根据故障现象和排除情况，完成表 7-1 的填写。

表 7-1 故障检测表

故障序号	故障现象	分析原因	查找步骤	故障点
1				
2				
3				

3. 排除故障

根据现象分析和查找故障点并逐一排查，恢复系统功能并调试好系统。

4. 注意事项

1）在设置故障和排除故障时，必须在关闭气源的状态下进行。
2）决不允许在通气状态下插拔气管。
3）在检查回路时，发生漏气现象要及时关闭气源。
4）在排查故障时，不能扩大故障点，不能损坏元件。
5）完成故障排除后，及时关闭气源，拆下管路和元件，放回原位。

任务评价

表 7-2 是任务评价表，任务实施后，完成任务评价表的填写。

表 7-2 任务评价表

班级		姓名		任务名称		
序号	步骤	要求		评分标准	配分	得分
1	识读气动回路图	能否正确绘制回路图		每错一处扣 2 分	22 分	
		能否识别气动元件				
		能否读懂回路图				
2	安装	能否正确选择元件		每项 6 分，根据情况酌情扣分	30 分	
		元件布局是否合理				
		能否正确连接元件				
		接头连接是否可靠				
		整体安装是否美观、合理				

续表

班级		姓名		任务名称		
序号	步骤	要求		评分标准	配分	得分
3	调试	通气前各阀是否处于正确位置		每项 7 分，根据情况酌情扣分	28 分	
		调试方法是否正确				
		调试过程是否正确				
		停气后各元件是否处于正确位置				
4	安全文明 5S 考核	安全操作		每项 10 分	20 分	
		操作过程中工位是否符合 5S 要求				
总分					100 分	

相关知识

一、顺序控制系统

1. 顺序控制的定义和分类

顺序控制系统是按照预先确定的顺序动作要求或条件，控制动作逐渐进行的系统。在一个顺序控制系统中，下一步执行什么动作是预先确定好的；前一步的动作执行结束后，马上或经过一定的时间间隔再执行下一步动作，或者根据控制结果选择下一步应执行的动作。顺序控制系统是工业生产领域尤其是气动装置中广泛应用的一种控制系统。根据动作顺序的控制方式不同，顺序控制可分为时间顺序控制、行程顺序控制和压力顺序控制三种。时间顺序控制的动作回路控制准确性较低，应用较少。常用的是压力顺序控制和行程顺序控制的动作回路。

（1）时间顺序控制

各执行元件的动作按照时间顺序动作的自动控制方式，称为时间顺序控制。发信号装置按一定的时间间隔发出时间信号，通过相应的控制回路来控制执行元件顺序动作。

（2）行程顺序控制

行程顺序控制是一种只有在前一个动作完成后，才允许下一个动作执行的控制方式。

（3）压力顺序控制

压力顺序控制是利用油路本身压力的变化来控制阀口的启闭，使执行元件按顺序动作的一种控制方式。其主要控制元件是顺序阀和压力继电器。

2. 顺序控制系统的组成

如图 7-3 所示，一个典型的气动顺序控制系统主要由指令部分、控制器、操作部分、执行机构、检测机构、显示与报警部分六部分组成。

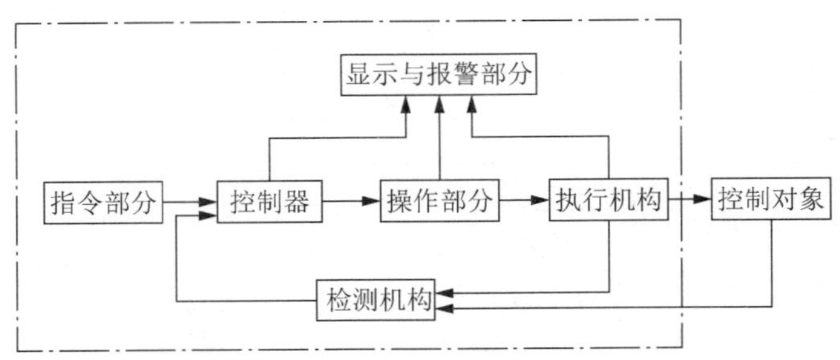

图 7-3　典型气动顺序控制系统图

1）指令部分。指令部分是顺序控制系统的人机接口部分，该部分主要采用各种按钮开关、选择开关等元件，以实现装置的起动、运行模式的选择等操作。

2）控制器。控制器是顺序控制系统的核心部分。它接收输入控制信号，并对输入信号进行处理，产生完成各种控制功能的输出控制信号。控制器使用的元件有继电器、集成电路（IC）、定时器、计数器、可编程控制器等。

3）操作部分。操作部分的作用是接收控制器的微小信号，并将其转换成具有一定压力和流量的气动信号，驱动后面的执行机构动作。常用的元件有电磁控制换向阀、机械控制换向阀、气压控制换向阀等及各类压力、流量控制阀等。

4）执行机构。执行机构可以将操作部分的输出信号转换成各种机械动作。常用的元件有气缸和气动马达等。

5）检测机构。检测机构用于检测执行机构、控制对象的实际工作情况，并将测量信号反馈给控制器。常用的元件有行程开关、接近开关、压力开关、流量开关等。

6）显示与报警部分。这部分的作用是监视系统的运行情况，出现故障时发出故障报警。常用的元件有压力表、显示面板、报警灯等。

3. 顺序控制的方式

根据控制信号的种类及所使用的控制元件，在工业生产领域应用的气动顺序控制系统可分为全气动控制方式和电气控制方式两大类。

全气动控制方式是一种从控制到操作全部采用气动元件来实现的一种控制方式。使用的气动控制元件主要有起动阀、梭阀、延时阀、气压控制换向阀、机械控制主换向阀等。该系统构成较复杂，但可用于防爆等特殊场合。

电气控制方式是目前采用较多的控制方式，其中又以继电器控制和可编程控制器应用较为普遍。

二、行程顺序控制

行程顺序控制是利用执行元件运动到一定的位置时发出控制信号，起动下一个执行元件的动作，使各气缸实现顺序动作的控制过程。

1. 采用行程阀控制的顺序动作回路

图 7-4 所示是采用行程阀（又称机动式换向阀）控制的顺序动作回路。循环开始前，两气缸活塞处于图 7-4 所示位置。二位五通电磁换向阀 3 电磁铁通电后，左位接入系统，压缩空气经换向阀进入双作用气缸 5 左腔，推动活塞向右移动，实现动作①；到达终点时，双作用气缸 5 活塞杆上的挡块压下行程阀 4 的滚轮，使阀芯右移，压缩空气经行程阀进入双作用气缸 6 的左腔，推动活塞向右运动，实现动作②；当二位五通电磁换向阀 3 电磁铁断电时，弹簧复位，使右位接入系统，压缩空气经换向阀 3 进入气缸 5 的右腔，推动活塞向左退回，实现动作③；当挡块离开行程阀滚轮时，行程阀 4 复位，压缩空气经行程阀进入气缸 6 右腔，使活塞向左运动，实现动作④。

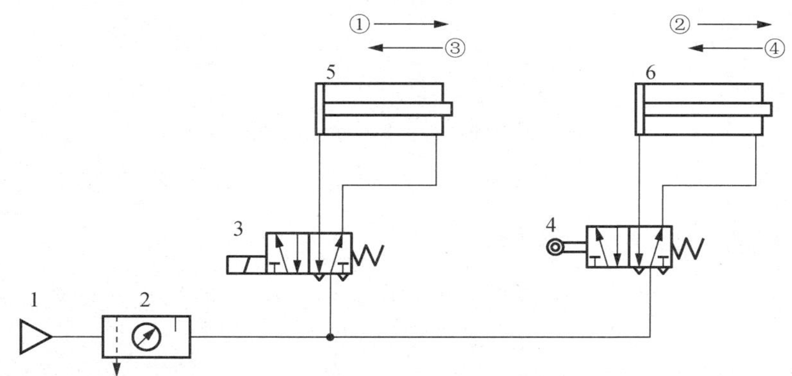

图 7-4　采用行程阀控制的顺序动作回路

1—气源；2—气动三联件；3—二位五通电磁换向阀；4—行程阀；5，6—双作用气缸

这种回路动作灵敏，工作可靠，其缺点是行程阀只能安装在执行元件的附近，调整和改变动作顺序也较为困难。

2. 采用行程开关控制的顺序动作回路

图 7-5 所示为用行程开关控制的顺序动作回路，气缸按①→②→③→④的顺序动作，其工作过程如下：

1）电磁铁 1YA 通电，换向阀 3 左位工作，气缸 5 活塞杆右移，实现动作①。

2）气缸 5 活塞杆上的挡块压下行程开关 S_1，2YA 通电，换向阀 2 换至左位，气缸 6 活塞杆右移，实现动作②。

3）气缸 6 活塞杆上的挡块压下行程开关 S_2，1YA 断电，换向阀 1 换至右位，气缸 5 活塞杆左移，实现动作③。

4）气缸 5 活塞杆上的挡块压下行程开关 S_3，2YA 断电，换向阀 2 换至右位，气缸 6 活塞杆左移，实现动作④。

当气缸 6 活塞杆运动至挡块压下行程开关 S_4 时，1YA 通电，即可开始下一个工作循环。

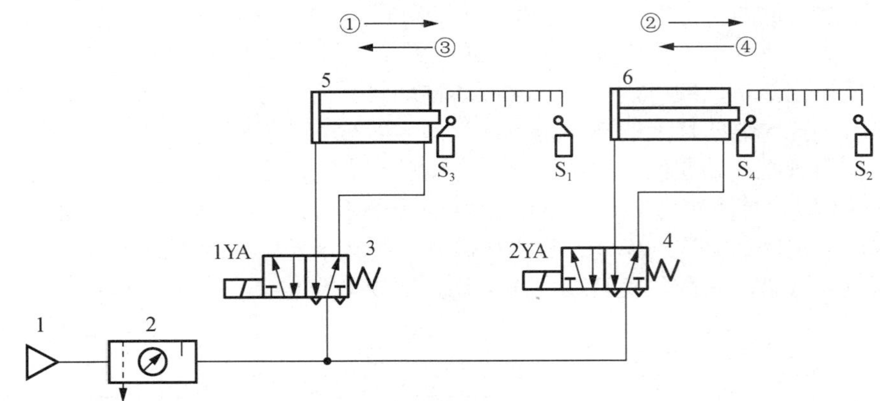

图 7-5　采用行程开关控制的顺序动作回路

1—气源；2—气动三联件；3，4—二位五通电磁换向阀；5，6—双作用气缸

三、压力顺序控制

压力顺序控制是利用气路本身压力的变化来控制阀口的启闭，使执行元件按顺序动作的一种控制方式。其主要控制元件是顺序阀。

图 7-6 所示为采用顺序阀控制的顺序动作回路。单向顺序阀 4 和 5 是由顺序阀与单向阀构成的组合阀——单向顺序阀。系统中有两个执行元件：夹紧气缸 6 和加工气缸 7。两气缸按夹紧→工作进给→快退→松开的顺序动作。系统工作过程如下：

1）二位五通电磁换向阀 3 通电，左位接入系统，压缩空气进入双作用气缸 6 左腔，由于系统压力低于单向顺序阀 4 的调定压力，顺序阀未开启，气缸 6 活塞杆向右运动实现夹紧，完成动作①。

2）气缸 6 活塞杆右移到达终点，工件被夹紧，系统压力升高。压力超过阀 4 中顺序阀调定值时，顺序阀开启，压缩空气进入加工气缸 7 左腔，活塞杆向右运动进行加工，完成动作②。

3）加工完毕后，二位五通电磁换向阀断电，右位接入系统（如图 7-6 所示位置），压缩空气进入气缸 7 右腔，阀 4 中的顺序阀未开启，活塞向左快速运动实现快退，完成动作③。

4）气缸 7 到达终点后，气压升高，使阀 4 中的顺序阀开启，压缩空气进入气缸 6 右腔，活塞杆向左运动松开工件，完成动作④。

用顺序阀控制的顺序动作回路，其顺序动作的可靠程度主要取决于顺序阀的质量和压力调定值。为了保证顺序动作的可靠准确，应使顺序阀的调定压力大于先动作的液压缸的最高工作压力，以避免因压力波动使顺序阀先行开启。这种顺序动作回路适用于液压缸数量不多、负载阻力变化不大的液压系统。

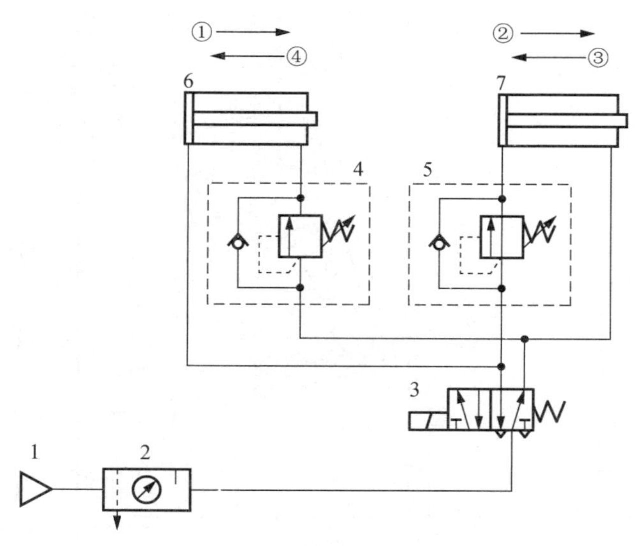

图 7-6　采用顺序阀控制的顺序动作回路

1—气源；2—气动三联件；3—二位五通电磁换向阀；4，5—单向顺序阀；6—夹紧气缸；7—加工气缸

思考与练习

1．可以通过________、________和________来实现多个执行元件的预定动作的要求，这种回路称为多缸动作回路。

2．多缸动作回路一般包括________回路和________回路。

3．顺序控制可分为________控制、________控制和________控制三种。

4．行程顺序控制一般采用________和________来实现顺序控制要求。

模块二　安装与调试元件分离回路

任务引入

图 7-7 所示为某企业流水线的元件分离装置，在导轨上的圆柱形工件要求一对一对地被送至下一个工作站。为了将它们两两分离，需同时驱动两个双作用气缸。在初始位置，上部的气缸 1A1 缩回，下部的气缸 1A2 在伸出位置；按下起动按钮驱动气缸 1A1 伸出、气缸 1A2 缩回，将最下方两个工件一起送至下一工作站，其余的工件被气缸 1A1

阻挡。经过一个可调时间 t_1=2s 后，同时气缸 1A1 缩回、气缸 1A2 伸出。当时间间隔 t_2=4s 时，新的循环开始。再设置一个按钮可控制在单循环和连续循环间转换。

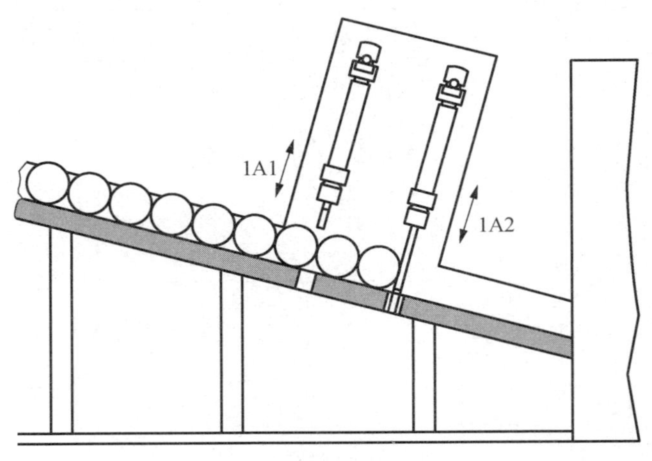

图 7-7　元件分离装置

任务布置

识读元件分离回路原理图，认识新气动元件，了解本次任务可能遇到的安全问题；选择合适的气动元件安装回路并调试，解决调试过程中出现的问题，最后对任务实施过程进行评定和检验，完成课后习题，并由个人、小组和教师分别对任务进行总结评价，填写任务评价表。

任务实施

一、识读元件分离回路图

如图 7-8 所示，元件分离回路的工作原理如下：气源 1 为系统提供压缩空气，初始状态下二位五通双气控换向阀 11 处于右位，双作用气缸 13 活塞杆处于伸出状态，双作用气缸 12 活塞杆处于缩回状态，气缸 12 活塞杆头部挡铁压下滚轮式换向阀 6，换向阀 6 处于压下状态，压缩空气进入延时换向阀 8 的控制口，4s 后与门型梭阀 10 的右侧进气口有压缩空气。按下二位三通按钮式换向阀 2，压缩空气通过或门型梭阀 4 到达二位三通单气控换向阀 5 的控制口，阀 5 换向，压缩空气到达阀 10 的左侧进气口，此时有压缩空气到达阀 11 的左侧控制口，阀 11 换到左位，气缸 12 伸出，同时气缸 13 返回，气缸 12 完全伸出后活塞杆头部挡铁压下滚轮式换向阀 7，换向阀 7 处于压下状态，压缩空气进入延时换向阀 9 的控制口，2s 后阀 9 的出气口有压缩空气流出到达阀 11 的右侧控制口，阀 11 右位工作，气缸 12 活塞杆返回后压下阀 6，同时气缸 13 活塞杆伸出，至

此运动结束。按下二位三通带自锁功能按钮式换向阀 3，两个气缸执行完上述动作后延时 4s 再次执行相同动作并保持循环。调节延时换向阀 8 和 9 中单向节流阀的开度，可以控制两个气缸延时动作的时间。

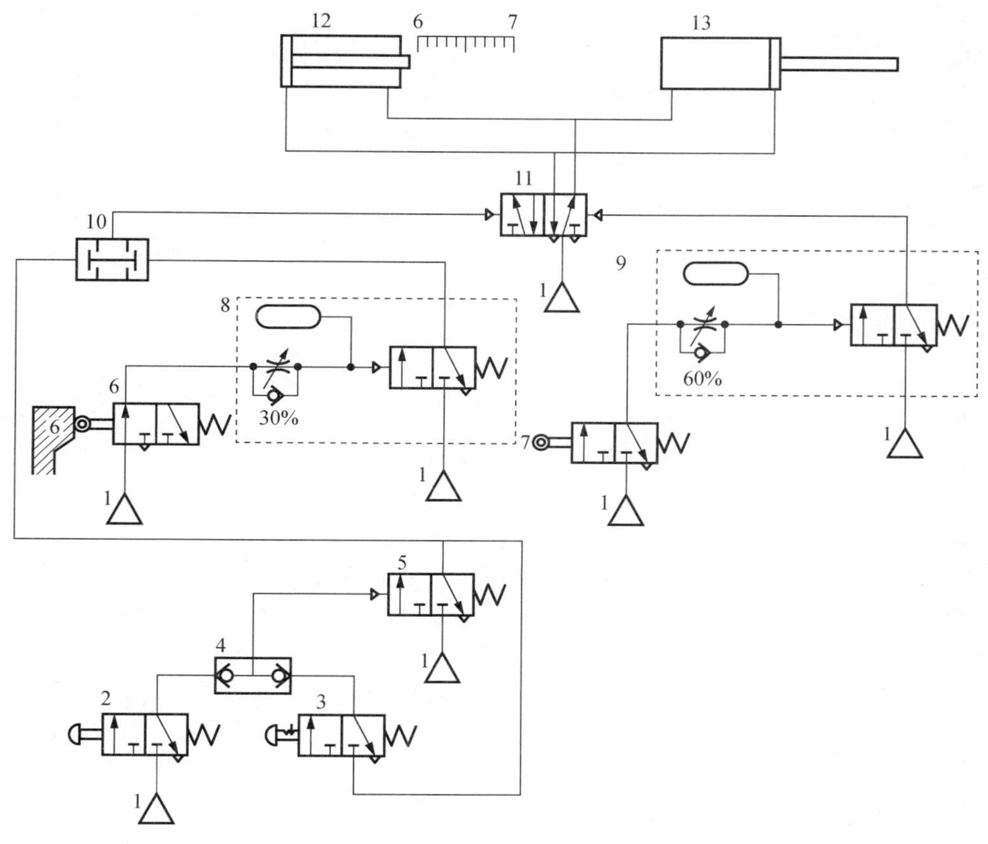

图 7-8　元件分离回路图

1—气源；2—二位三通按钮式换向阀；3—二位三通带自锁功能按钮式换向阀；4—或门型梭阀；5—二位五通单气控换向阀；6，7—二位三通滚轮式换向阀；8，9—延时换向阀；10—与门型梭阀；11—二位五通双气控换向阀；12，13—双作用气缸

二、安装元件分离回路

根据气动回路图从气动元件库中选取适合本次任务的气动元件，在控制板上合理摆放各气动元件，可参照回路图位置摆放，注意保持各元件间的距离，不要影响后续安装管路，气动元件放置完毕后按照压缩空气的流向安装管路。

安装参考方法（参考图 7-8 所示）：首先用多通接头将气源分成七路，分别连接到二位三通按钮式换向阀2、二位五通单气控换向阀5和二位三通滚轮式换向阀6、7、延时换向阀8、9和二位五通双气控换向阀11的进气口；接着连接二位三通按钮式换向阀2的出气口到或门型梭阀阀4的左侧进气口，连接二位三通带自锁功能按钮式换向阀3的出气口到阀4的右侧进气口，连接阀4的出气口到阀5的控制口，再用三通接头将阀5的出气口分成两路，分别连接到阀3的进气口和与门型梭阀10的左侧进气口；再连接阀6的出气口到阀8的控制口，连接阀8的出气口到阀10的右侧进气口，连接阀10的出气口到阀11的左侧控制口，再连接阀7的出气口到阀9的控制口，连接阀9的出气口到阀11的右侧进气口，连接阀10的出气口到阀11的左侧控制口；最后把阀11的左侧出气口通过三通接头连接到双作用气缸12的无杆腔和双作用气缸13的有杆腔，把阀11的右侧出气口通过三通接头连接到双作用气缸12的有杆腔和双作用气缸13的无杆腔。

三、调试元件分离回路

调试元件分离回路的注意事项如下。

1）检查各个接口是否连接安全。

2）打开气源，调节调压阀的调节旋钮，使气压为0.3～0.4MPa。

3）打开空气调压器上面连接的旋钮开关，让系统回路通气。

4）检查通气后所有气缸能否回到要求的初始位置。

5）观察是否有漏气现象，若漏气，则关闭气源，查找漏气原因并排除。

6）按照元件分离回路工作原理进行实验，调节气缸运动速度，使气缸运动平稳，无振动和冲击。

7）动作可靠，且伸缩速度基本保持一致。观察结果，看是否达到预期效果。

四、故障设置及排除

1. 故障设置

由小组成员或教师设置1～3处气路故障，如不能起动、气缸伸出或缩回太快不能调节、气缸不能伸出或不能返回等。设置气路不通可采用用透明胶挡住气管、改变进出气口等方法。

常见故障原因如下（参考图7-8所示）。

1）气缸的初始状态不对，原因可能是：①双气控换向阀11的连接存在错误或位置不符合要求；②滚轮式换向阀6、7的连接存在错误；③延时换向阀8、9的进、出气口连接错误。

2）气缸不能正常运行，原因有：①气源1不能正常提供压缩空气；②按钮式换向阀2、3的进、出气口连接错误；③延时换向阀8、9的进、出气口连接错误或节流阀调节不到位；④滚轮式换向阀6、7的进、出气口连接错误或位置出现错误。

2. 观察故障现象，分析故障原因

根据故障现象和排除情况，完成表 7-3 的填写。

表 7-3　故障检测表

故障序号	故障现象	分析原因	查找步骤	故障点
1				
2				
3				

3. 排除故障

根据现象分析和查找故障点并逐一排查，恢复系统功能并调试好系统。

4. 注意事项

1）在设置故障和排除故障时，必须在关闭气源的状态下进行。
2）决不允许在通气状态下插拔气管。
3）在检查回路时，发生漏气现象要及时关闭气源。
4）在排查故障时，不能扩大故障点，不能损坏元件。
5）完成故障排除后，及时关闭气源，拆下管路和元件，放回原位。

任务评价

表 7-4 是任务评价表，任务实施后，完成任务评价表的填写。

表 7-4　任务评价表

班级		姓名	任务名称		
序号	步骤	要求	评分标准	配分	得分
1	识读气动回路图	能否正确绘制回路图	每错一处扣 2 分	22 分	
		能否识别气动元件			
		能否读懂回路图			
2	安装	能否正确选择元件	每项 6 分，根据情况酌情扣分	30 分	
		元件布局是否合理			
		能否正确连接元件			
		接头连接是否可靠			
		整体安装是否美观、合理			
3	调试	通气前各阀是否处于正确位置	每项 7 分，根据情况酌情扣分	28 分	
		调试方法是否正确			
		调试过程是否正确			
		停气后各元件是否处于正确位置			

续表

班级		姓名		任务名称		
序号	步骤	要求		评分标准	配分	得分
4	安全文明 5S 考核	安全操作		每项 10 分	20 分	
		操作过程中工位是否符合 5S 要求				
总分					100 分	

相关知识

一、自锁回路

在一些特殊气动控制系统中要求按下起动按钮后气缸一直动作，直到按下停止按钮后气缸才停止动作。这种控制方式称为自锁控制，即在控制回路中按下起动按钮后，控制口一直有信号保持，也就是一直有压缩空气输出。

图 7-9 所示的回路就可以达到上述要求。用一个二位三通按钮式换向阀 3 作为起动按钮，一个二位三通按钮式换向阀 5 作为停止按钮。当按下起动按钮后，压缩空气经或门型梭阀 4 及停止按钮的右位，使二位三通单气控换向阀 6 左位接通，A 口有压缩空气输出；由于阀 4 的一个进气口与 A 口相连，当松开起动按钮后，阀 4 的工作口仍有压缩空气输出，使阀 6 保持左位接通，有压缩空气输出。当按下停止按钮时，阀 6 在弹簧力的作用下，右位接通，工作口 A 没有信号输出，同时，阀 4 的两进气口都没有压缩空气进入，工作口也没有压缩空气输出，所以当松开停止按钮后，阀 6 仍保持右位接通，没有压缩空气输出。

由于这种控制原理类似于电气控制系统中的继电器自锁控制，所以称为自锁控制。

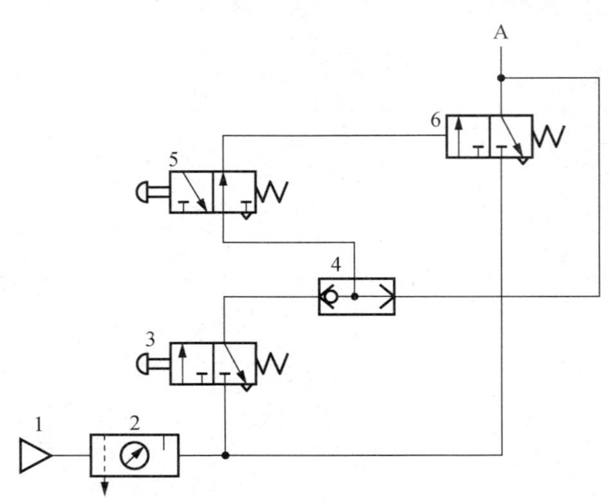

图 7-9　自锁控制回路

1—气源；2—气动三联件；3，5—二位三通按钮式换向阀；4—或门型梭阀；6—二位三通单气控换向阀

二、同步控制回路

同步控制回路是指驱动两个或多个执行机构以相同的速度移动或在预定的位置同时停止的回路。由于气体的可压缩性及负载的变化等因素，要使它们保持同步并非易事。为了实现同步，通常采用以下方法。

1. 利用节流阀的同步控制回路

图 7-10 所示为利用节流阀的同步控制回路。由节流阀 4、6 控制气缸 1、2 同步上升，由节流阀 3、5 控制气缸 1、2 同步下降。用这种同步控制方法，如果气缸缸径相对于负载来说足够大，工作压力足够高，则可以取得一定程度的同步效果。

上述同步方法是最简单的气缸速度控制方法，但它不能适应负载 F_1 和 F_2 变化较大的场合，即当负载变化时，同步精度要降低。

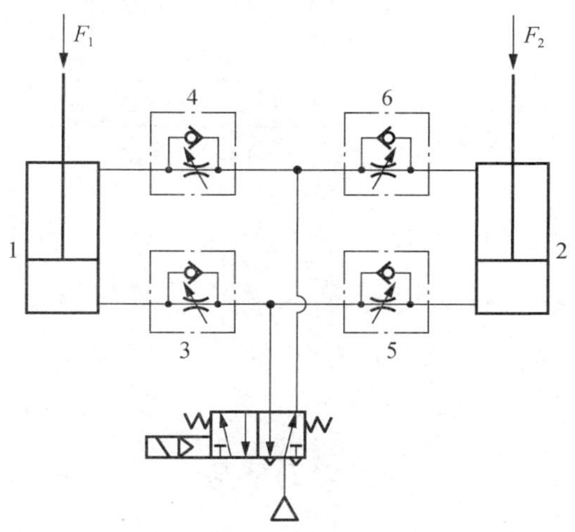

图 7-10　利用节流阀的同步控制回路

1，2—气缸；3，4，5，6—节流阀

2. 利用气液联动缸的同步控制回路

对于负载在运动过程中有变化，且要求运动平稳的场合，使用气液联动缸可取得较好的效果。

图 7-11 所示为使用两个气缸和液压缸串联而成的气液联动缸的同步控制回路。图中工作平台上施加了两个不相等的负载 F_1 和 F_2，且要求水平升降。当回路中的电磁阀 7 的 1YA 通电时，阀 7 左位工作，压力气体流入气液联动缸 1、2 的下腔中，克服负载 F_1 和 F_2 推动活塞上升。此时，在从梭阀 6 来的先导压力的作用下，常通型两通阀 3、4

关闭，使气液联动缸 1 的液压缸上腔的油压入气液联动缸 2 的液压缸下腔，气液联动缸 2 的液压缸上腔的油被压入气液联动缸 1 的液压缸下腔，从而使它们保持同步上升。同样，当电磁阀 7 的 2YA 通电时，可使气液联动缸向下的运动保持同步。

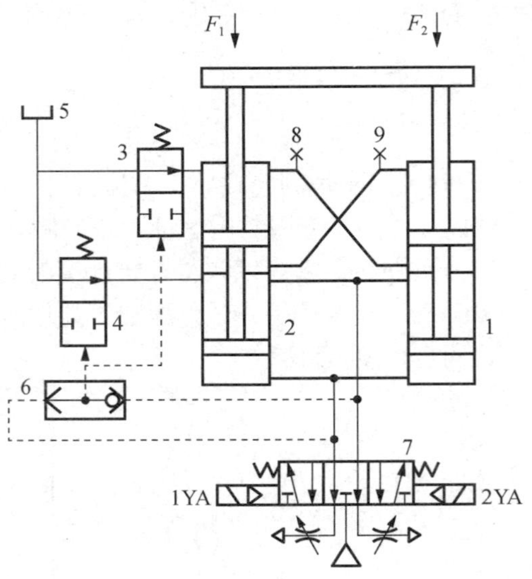

图 7-11　利用气液联动缸的同步控制回路

1，2—气液联动缸；3，4—常通型两通阀；5—油箱；6—梭阀；7—电磁阀；8，9—放气塞

这种上下运动中由于泄漏而造成的液压油不足可在电磁阀不通电的图示状态下从油箱 5 自动补充。为了排出液压缸中的空气，需设置放气塞 8 和 9。

思考与练习

1．________是指驱动两个或多个执行机构以相同的速度移动或在预定的位置同时停止的回路。

2．利用节流阀的同步控制回路有何局限性？如何改进？

课题八

安装与调试真空吸附回路

真空吸附回路应用日益广泛，在电子电器生产、半导体元件组装、汽车制造、食品加工、产品包装、物流传送、机械手动作等许多方面发挥重要作用。真空吸附技术以真空发生装置产生的真空压力为动力源，由真空吸盘吸附抓取物体，从而实现抓取、移动、放下，完成对物体的搬运，为产品的加工和组装服务。对于任何表面光滑的物体和不适合夹紧的物体，都可以使用真空吸附回路来完成各种动作。

知识目标

- 了解气动元件的结构特点、工作原理和应用。
- 掌握识读真空吸附回路图的方法。
- 了解真空吸附回路的工作原理。

能力目标

- 能看懂真空吸附回路图。
- 能选用各类气动元件并安装真空吸附回路。
- 能调试回路并解决出现的问题。
- 在任务过程中能按照5S要求进行现场管理。

模块 安装与调试工件拾放回路

任务引入

图 8-1 所示为某企业流水线上的工件拾放系统。双作用气缸下方装有一个真空吸盘，用以吸住工件后搬运。按下起动按钮后，双作用气缸下降，完全下降到位后吸盘开始吸附工件。当真空压力开关检测到真空信号时，气缸开始上升，上升到位后放开工件（真空解除）。双作用气缸的速度可调节。

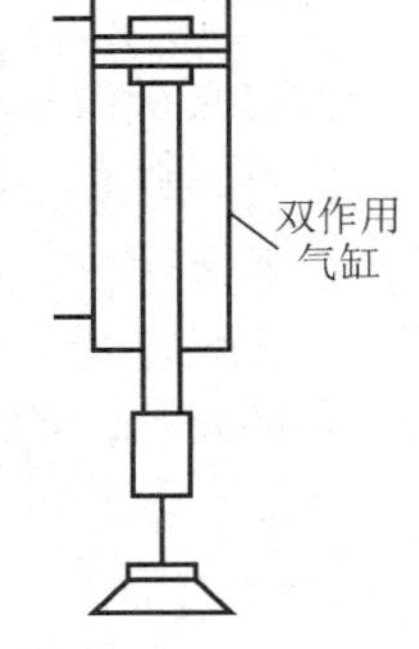

图 8-1 工件拾放系统

任务布置

识读工件拾放回路原理图，认识新气动元件，了解本次任务可能遇到的安全问题；选择合适的气动元件安装回路并调试，解决调试过程中出现的问题最后对任务实施过程进行评定和检验，完成课后习题，并由个人、小组和教师分别对任务进行总结评价，填写任务评价表。

任务实施

一、识读工件拾放回路图

结合图 8-2 和图 8-3 分析，工件拾放回路的工作原理如下：气源 1 为系统提供压缩空气，压缩空气进入气动三联件 2，气动三联件对压缩空气进行净化、调压和润滑处理。初始状态下，接通气源和电源，双作用气缸 6 处于图示上端位置，行程开关 1A1 接通，K1 线圈得电，K1 常开触点闭合，K1 常闭触点断开。按下起动开关 START，二位五通电磁换向阀 3 的 1Y1 线圈得电，阀 3 左位工作，气缸 6 活塞杆伸出，1A1 失电，K1 线圈失电，K1 触点复位，1Y1 失电；当气缸 6 活塞杆完全伸出到最下端，行程开关 1A2 接通，K2 线圈得电，二位三通电磁换向阀 7 的 2Y1 线圈得电，左位工作，压缩空气通过真空发生器 8 产生真空，通过真空吸盘 10 吸起工件，当真空吸盘 10 内的真空度达到真空压力开关 9 的调定值时，真空压力开关动作，二位五通电磁换向阀 3 的 1Y2 线圈得电，阀 3 右位工作，真空吸盘 10 吸附工件被气缸 6 提升，提升期间真空发生器 8 保持真空状态，当气缸活塞杆升到最上端位置，行程开关 1A1 接通，K1 线圈得电，K1 常闭

触点断开，K2 线圈失电，K2 常开触点断开，二位三通电磁换向阀 7 的 2Y1 线圈失电，阀 7 复位，则工件与真空吸盘 10 分开，完成一次工件拾放动作。

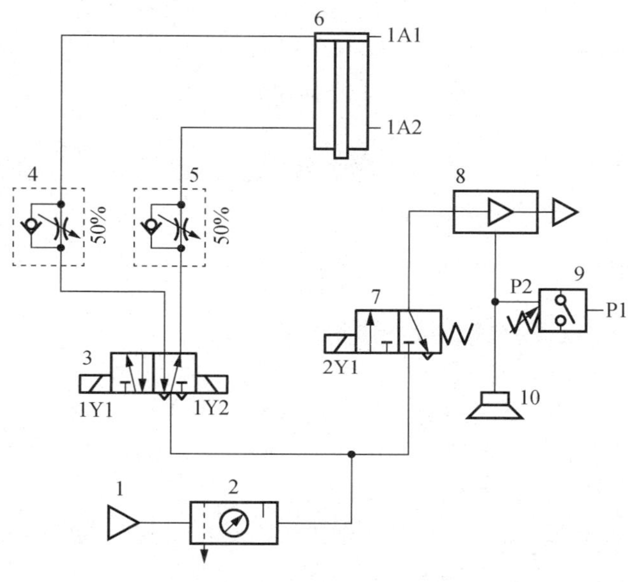

图 8-2　工件拾放回路图

1—气源；2—气动三联件；3—二位五通电磁换向阀；4，5—单向节流阀；6—双作用气缸；7—二位三通电磁换向阀；8—真空发生器；9—真空压力开关；10—真空吸盘

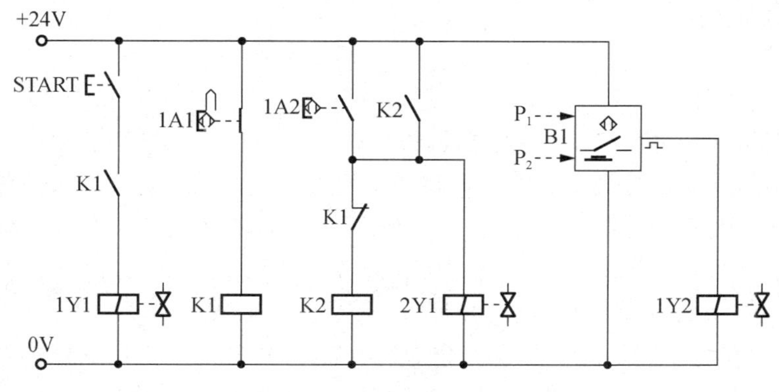

图 8-3　工件拾放控制电路图

二、安装工件拾放回路

根据气动回路图从气动元件库中选取适合本次任务的气动元件，按照压缩空气的流向安装回路。

参考安装方法（参考图 8-2 所示）：首先用气管从气源 1 的出气口连接到气动三联

件 2 进气口（P 口），再用气管从气动三联件 2 的出口（A 口）通过三通接头分成两路：第一路先连接到二位五通电磁换向阀 3 的进气口，换向阀 3 的两个出气口分别通过单向节流阀 4、5 连接到双作用气缸 6 的进出气口（注意单向节流阀 4、5 的方向）；第二路连接到二位三通电磁换向阀 7 的进气口（P 口），阀 7 的出气口连接到真空发生器 8 的进气口，最后用三通接头和两根气管把真空发生器 8 的真空口分别连接到真空压力开关的 P_2 口和真空吸盘 10。

根据图 8-3 安装控制电路部分。安装中遵守电路安装要求，不得带电安装，安装后要用万用表进行检测，确保安全。

三、调试工件拾放回路

调试工件拾放回路的注意事项如下。

1）检查各个接口是否连接安全。

2）打开气源，调节调压阀的调节旋钮，使气压为 0.3～0.4MPa。

3）打开空气调压器上面连接的旋钮开关，让系统回路通气。

4）检查通气后所有气缸能否回到要求的初始位置。

5）观察是否有漏气现象，若漏气，则关闭气源，查找漏气原因并排除。

6）按照工件拾放回路工作原理进行实验，调节气缸运动速度，使气缸运动平稳无振动和冲击。

7）动作可靠，且伸缩速度基本保持一致。观察结果，看是否达到预期效果。

四、故障设置及排除

1. 故障设置

由小组成员或教师设置 1～3 处气路故障和 1～3 处电路故障，气路故障如不能起动、气缸伸出或缩回太快不能调节、气缸不能伸出或不能返回等。设置气路不通可采用用透明胶挡住气管、改变进出气口等方法。电路故障有中间继电器不能正常工作，电磁换向阀不能换向或信号灯显示不正确，真空压力开关不能正常工作。

常见故障原因如下（参考图 8-2 所示）。

1）气缸的初始状态不对，原因可能是：①换向阀出气口气管是否接对；②二位五通电磁换向阀初始位置是否正确；③手动换向按钮是否被按下锁紧。

2）气缸不能正常运行，原因有：①按钮接线有误，是否将常开触点接成了常闭触点；②换向阀阀芯是否损坏或卡死；③气缸活塞杆伸出后行程开关是否被碰压到；④单向节流阀进、出气口是否接错或者节流阀完全截止。

3）电路部分不能正常运行，原因有：①电磁换向阀线圈接线有误，1Y1、1Y2、2Y1 连接错误；②中间继电器 K1、K2 线圈或触点接线有误；③行程开关 1A1、1A2 线路接

错；④真空压力开关的 P_1 和 P_2 连接错误。

2. 观察故障现象，分析故障原因

根据故障现象和排除情况，完成表 8-1 的填写。

表 8-1　故障检测表

故障序号	故障现象	分析原因	查找步骤	故障点
1				
2				
3				

3. 排除故障

根据现象分析和查找故障点并逐一排查，恢复系统功能并调试好系统。

4. 注意事项

1）在设置故障和排除故障时，必须在关闭气源的状态下进行。
2）决不允许在通气状态下插拔气管。
3）在检查回路时，发生漏气现象要及时关闭气源。
4）在排查故障时，不能扩大故障点，不能损坏元件。
5）完成故障排除后，及时关闭气源，拆下管路和元件，放回原位。

任务评价

表 8-2 是任务评价表，任务实施后，完成任务评价表的填写。

表 8-2　任务评价表

<table>
<tr><td>班级</td><td></td><td>姓名</td><td></td><td>任务名称</td><td colspan="3"></td></tr>
<tr><td>序号</td><td>步骤</td><td colspan="2">要求</td><td>评分标准</td><td>配分</td><td>得分</td></tr>
<tr><td rowspan="3">1</td><td rowspan="3">识读气动回路图</td><td colspan="2">能否正确绘制回路图</td><td rowspan="3">每错一处扣 2 分</td><td rowspan="3">22 分</td><td rowspan="3"></td></tr>
<tr><td colspan="2">能否识别气动元件</td></tr>
<tr><td colspan="2">能否读懂回路图</td></tr>
<tr><td rowspan="5">2</td><td rowspan="5">安装</td><td colspan="2">能否正确选择元件</td><td rowspan="5">每项 6 分，根据情况酌情扣分</td><td rowspan="5">30 分</td><td rowspan="5"></td></tr>
<tr><td colspan="2">元件布局是否合理</td></tr>
<tr><td colspan="2">能否正确连接元件</td></tr>
<tr><td colspan="2">接头连接是否可靠</td></tr>
<tr><td colspan="2">整体安装是否美观、合理</td></tr>
</table>

续表

班级		姓名		任务名称	
序号	步骤	要求	评分标准	配分	得分
3	调试	通气前各阀是否处于正确位置	每项 7 分，根据情况酌情扣分	28 分	
		调试方法是否正确			
		调试过程是否正确			
		停气后各元件是否处于正确位置			
4	安全文明 5S 考核	安全操作	每项 10 分	20 分	
		操作过程中工位是否符合 5S 要求			
总分				100 分	

相关知识

一、真空发生器

图 8-4 所示是真空发生器。真空发生器是利用正压气源产生负压而对物体进行吸附的一种新型设备，由于它具有结构简单、体积小、清洁干净、价格便宜、效率高、安装方便、使用寿命长等特点，因此被广泛使用。真空发生器产生的真空度可达 88kPa，产生的负压力（真空度）不大，流量也比较小，但是可以调控，瞬时开关特性好，无残存负压，同一输出口可正、负压交替变化。

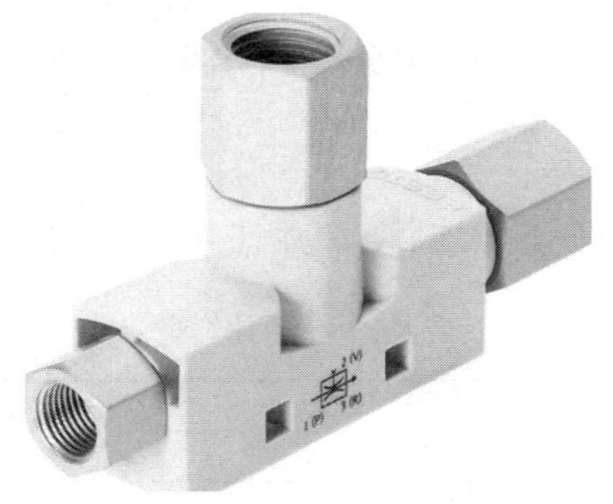

图 8-4　真空发生器

1. 工作原理

真空发生器是根据文丘里原理产生真空的，其结构图和图形符号如图 8-5 所示。真空发生器由先收缩后扩张的喷嘴、扩散管和吸附口等组成。压缩空气从进气口供给，在喷嘴两端压差高于一定值后，喷嘴射出超声速射流或近声速射流。由于高速射流的卷吸作用，将扩散腔的空气抽走，使该腔形成真空。在吸附口接上真空吸盘，便可形成一定的吸力，吸起工件。

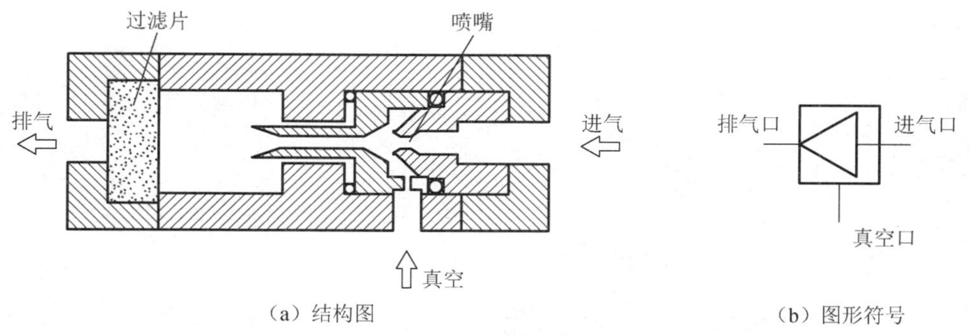

（a）结构图　　（b）图形符号

图 8-5　真空发生器的结构图和图形符号

图形符号识别技巧

- 矩形表示真空发生器阀体。
- 图形符号中的三角形表示压缩空气流向。
- 两条水平短线分别代表进气管路、排气管路，下方的竖直短线表示真空口，一般连接真空吸盘。

2. 主要特性

1）真空发生器的耗气量。真空发生器耗气量是指每分钟消耗的压缩空气（单位是 L/min）。耗气量由工作喷嘴的直径决定，但同时也与工作压力大小有关系。同一喷嘴直径，其耗气量随工作压力的增大而增大。喷嘴直径是选择真空发生器的主要依据，喷嘴直径越小，抽吸流量和耗气量越小，真空度越高；喷嘴直径越大，抽吸流量和耗气量越大，真空度越低。

2）排气特性和流量特性。排气特性表示最大真空度、空气消耗量和最大吸入流量分别与供给压力之间的关系。最大真空度是指真空口被完全封闭时真空口内的真空度。最大吸入流量是指真空口向大气敞开时，从真空口吸入的流量。

流量特性是指在真空发生器的供气压力为 0.45MPa 时，真空口处于变化的不封闭状态下，吸入流量与真空度之间的关系。

3）抽吸时间。抽吸时间是真空发生器的动态指标，是指真空吸盘内的真空度达到所需要的真空压力的时间。抽吸时间不仅与真空度有关系，还与流经抽吸通道的容积、吸附表面泄漏状况等有关。

二、真空吸盘

图 8-6 所示是真空吸盘。真空吸盘是利用吸盘内形成负压（真空）而吸附住物体的气动元件。真空吸盘一般适用于抓取薄片状的工件，如塑料板、纸张及玻璃等，且要求

工件表面平整光滑，无孔无油。

（a）实物图

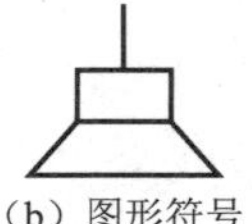

（b）图形符号

图 8-6　真空吸盘的实物图和图形符号

图形符号识别技巧

- 真空吸盘的图形符号是真空吸盘实物的抽象显示。
- 上面的短线代表气路，下面的梯形代表吸盘，中间的矩形代表吸盘的固定。

真空吸盘通常采用丁腈橡胶、硅橡胶、聚氨酯橡胶等橡胶材料和金属骨架压制而成，柔软且有弹性。吸盘有多种不同的形状，常用的有圆形平吸盘和波纹形吸盘（风琴形吸盘）。波纹形吸盘相对圆形平吸盘有更强的适应性，允许工件表面有轻微的不平、弯曲或倾斜，同时在吸附物体移动时具有较好的缓冲性能。

三、其他真空元件

真空系统中除了真空发生器和真空吸盘这两个主要的元件外，还有真空阀、真空过滤器、真空安全开关等元件。

1. 真空阀

真空阀主要用于控制真空的通断变化，还用于控制真空吸盘的吸附和脱离。真空阀的种类很多，按控制方式可分为人力控制真空阀、机械控制真空阀、气压控制真空阀和电磁控制真空阀，按通口数量可分为两通阀、三通阀和五通阀，按主阀的结构形式可分为截止式、膜片式和软质密封滑阀式。

真空电磁阀和普通电磁阀在结构、工作原理方面基本相同，真空换向阀要求不泄漏，不需要油雾润滑。一般来说，采用间隙密封的滑阀、直动式电磁阀、外部先导式电磁阀、没有使用气压密封圈的弹性密封滑阀和非气压密封的截止阀等都可以在真空系统中使用。

2. 真空过滤器

真空过滤器可以将大气中吸入的污染物滤除，以防止真空元件受污染而引起故障。

3. 真空安全开关

真空安全开关的作用是在由多个真空吸盘构成的真空系统中一个吸盘失效后仍能保持系统真空不变。

思考与练习

1．________是利用正压气源产生负压而对物体进行吸附的一种新型设备。

2．真空吸盘是________的元件，它通常是由________与________压制成形的。

3．真空吸附回路一般由哪些真空元件组成？

4．真空吸附系统在使用时有哪些注意事项？

知识拓展

一、真空泵

真空泵是吸入口形成负压，排气口直接通大气，对容器进行抽气，以获得真空的机械设备。图 8-7 所示是采用真空泵的真空回路。

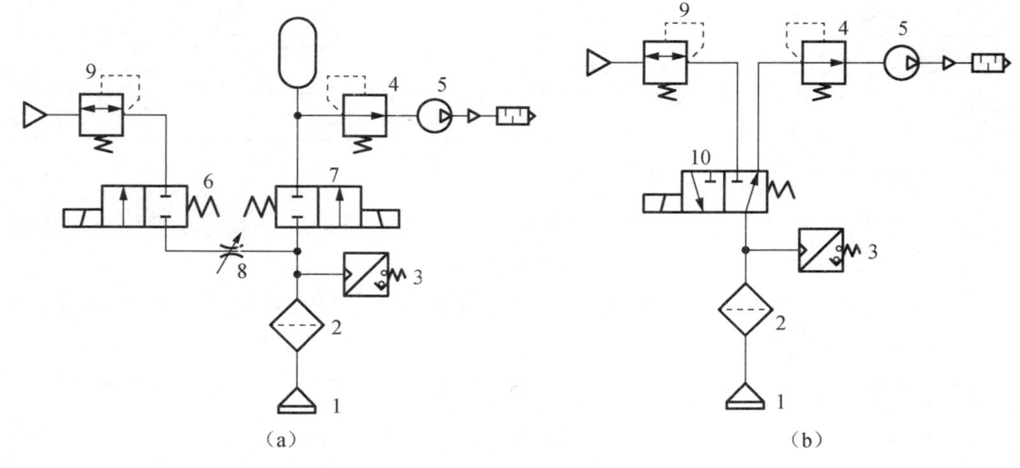

图 8-7　采用真空泵的真空回路

1—吸盘；2—真空过滤器；3—压力开关；4—真空减压阀；5—真空泵；
6—真空破坏阀；7—真空切换阀；8—节流阀；9—减压阀；10—真空选择阀

图 8-7（a）所示是用两个二位二通阀（真空破坏阀 6、真空切换阀 7）控制真空

泵 5，完成真空吸起和真空破坏的回路。当阀 7 通电、阀 6 断电时，真空泵 5 产生的真空使吸盘 1 将工件吸起；当阀 7 断电、阀 6 通电时，压缩空气进入吸盘，真空被破坏，吹力使吸盘与工件脱离。

图 8-7（b）所示是用一个二位三通阀控制的真空回路。当真空选择阀 10 断电时，真空泵 5 产生真空，工件被吸盘吸起；当阀 10 通电时，压缩空气使工件脱离吸盘。

表 8-3 列出了真空发生器和真空泵的特点及应用场合，以便选用。

表 8-3　真空发生器与真空泵的比较

项目	真空泵	真空发生器
最大真空度	可达101.3kPa } 能同时获得大值	可达88kPa } 不能同时获得大值
吸入量	可以很大	不大
结构	复杂	简单
体积	大	很小
重量	重	很轻
寿命	有可动件，寿命较长	无可动件，寿命长
消耗功率	较大	较大
价格	高	低
安装	不便	方便
维护	需要	不需要
与配套复合化	困难	容易
真空的产生和解除	慢	快
真空压力脉动	有脉动，需设真空罐	无脉动，不需要真空罐
应用场合	适合连续、大流量工作，不宜频繁启停，适合集中使用	需供应压缩空气，宜从事流量不大的间歇工作，适合分散使用

二、使用真空吸附回路的注意事项

1）供给气源应是净化的、不含油雾的空气。因真空发生器的最小喷嘴喉部直径为 0.5mm，故进气口之前应设置过滤器和油雾分离器。

2）真空发生器与吸盘之间的连接管应尽量短，连接管不得承受外力，拧动管接头时要防止连接管被扭变形或造成泄漏。

3）真空回路的各连接处及各元件应严格检查，不得向真空系统内部漏气。

4）由于各种原因使吸盘内的真空度未达到要求时，为防止被吸吊工件吸吊不牢而跌落，回路中必须设置真空压力开关。吸电子元件或精密小零件时，应选用小孔口吸着确认型真空压力开关。对于吸吊重工件或搬运危险品的情况，除要设置真空压力开关外，还应设真空计，以便随时监视真空压力的变化，及时处理问题。

5）在恶劣环境中工作时，真空压力开关前也应装过滤器。

6）为了在停电情况下仍保持一定的真空度，以保证安全，对真空泵系统应设置

真空罐。在真空发生器系统、吸盘与真空发生器之间应设置单向阀。供给阀宜使用具有自保持功能的常通型电磁阀。

7）真空发生器的供给压力在 0.40～0.45MPa 为最佳，压力过高或过低都会降低真空发生器的性能。

8）吸盘宜靠近工件，避免受到大的冲击力，以免吸盘过早变形、龟裂和磨耗。

9）吸盘的吸着面积要比吸吊工件表面小，以免出现泄漏。

10）面积大的板材宜用多个吸盘吸吊，但要合理布置吸盘位置，增强吸吊平稳性，要防止边上的吸盘出现泄漏。为防止板材翘曲，宜选用大口径吸盘。

11）吸着高度变化的工件应使用缓冲型吸盘或带回转止动的缓冲型吸盘。

12）对有透气性的被吊物，如纸张、泡沫塑料，应使用小口径吸盘。漏气量太大时，应提高真空吸吊能力，加大气路的有效截面面积。

13）吸着柔性物，如纸、乙烯薄膜时，由于易变形、易皱折，应选用小口径吸盘或带肋吸盘，且真空度宜小。

参 考 文 献

曹建东，2006．液压传动与气动技术[M]．北京：北京大学出版社．

兰建设，2010．液压与气压传动[M]．北京：高等教育出版社．

徐益清，2008．气压传动控制技术[M]．北京：机械工业出版社．

杨健，匀明，2013．气动液压传动技术[M]．北京：中国劳动社会保障出版社．

于瑛瑛，王冰，刘丽萍，2015．液压与气压传动项目教程[M]．北京：航空工业出版社．